U0314585

高职高专实验实训"十二五"规划教材

电工基础及应用、电机拖动与继电器控制技术实验指导

主　编　黄　宁　　刘正英

副主编　王光福　　倪小敏

主　审　满海波

北　京

冶金工业出版社

2015

内 容 简 介

本书分为上、下两篇。上篇为电工基础及应用实验实训，主要内容包括直流电路实验、交流电路实验以及电工仪表实验。下篇为电机拖动与继电器控制技术实验实训，主要内容包括电机拖动基础操作要求与安全操作规程、直流电机实验、变压器实验、异步电机实验、特殊电机实验以及继电器控制实验。

本书为普通高等职业院校电气自动化技术、机电一体化技术、电机与电器等专业的教学用书，也可供相关专业的师生和技术人员参考阅读。

图书在版编目(CIP)数据

电工基础及应用、电机拖动与继电器控制技术实验指导/黄宁，刘正英主编. —北京：冶金工业出版社，2015.7

高职高专实验实训"十二五"规划教材

ISBN 978-7-5024-6964-1

Ⅰ.①电… Ⅱ.①黄… ②刘… Ⅲ.①电工—高等职业教育—教学参考资料 ②电机—电力传动—高等职业教育—教学参考资料 ③电机—控制继电器—高等职业教育—教学参考资料

Ⅳ.①TM1 ②TM30

中国版本图书馆 CIP 数据核字(2015)第 157990 号

出 版 人 谭学余
地　　址 北京市东城区嵩祝院北巷 39 号 邮编 100009 电话 (010)64027926
网　　址 www.cnmip.com.cn 电子信箱 yjcbs@cnmip.com.cn
责任编辑 俞跃春 贾怡雯 美术编辑 吕欣童 版式设计 葛新霞
责任校对 郑 娟 责任印制 李玉山
ISBN 978-7-5024-6964-1
冶金工业出版社出版发行；各地新华书店经销；北京百善印刷厂印刷
2015 年 7 月第 1 版，2015 年 7 月第 1 次印刷
148mm×210mm；4.625 印张；134 千字；138 页
16.00 元
冶金工业出版社 投稿电话 (010)64027932 投稿信箱 tougao@cnmip.com.cn
冶金工业出版社营销中心 电话 (010)64044283 传真 (010)64027893
冶金书店 地址 北京市东四西大街 46 号(100010) 电话 (010)65289081(兼传真)
冶金工业出版社天猫旗舰店 yjgycbs.tmall.com
(本书如有印装质量问题，本社营销中心负责退换)

前　言

　　本书根据课程"电工基础及应用"对电工实验项目的基本要求，以及课程"电机拖动基础与继电控制技术"对电机拖动及控制类实验项目的基本要求编写而成。编写中根据对课程教材项目化改革的要求，力求具有工学结合特色，注重对学生电工基础能力的培养，每个项目尽可能做到目的明确、原理清楚，实验方法详尽清晰、步骤规范，以便于学生独立完成实验。

　　本书由上、下两篇构成：

　　上篇主要内容为电工基础及应用实验实训，分为直流电路实验项目、交流电路实验和电工仪表实验项目三个模块。其中直流电路实验项目安排了7个项目课题，涉及直流电路的认识、基尔霍夫定律的验证等内容；交流电路实验项目安排了5个课题，涉及交流电路参数测定、日光灯功率因数提高、三相交流电路分析等内容；电工仪表实验项目安排了4个课题，涉及万用表、电度表、功率表使用等内容。该部分的内容与编排具有可选择性，教学要求不同的强电、弱电、机电一体化及其他工科专业都适用；根据不同的教学大纲，既可作为电类专业"电工基础及应用"课程实验教学用书，也可作为非电类专业"电工与电子技术"等课程的配套教材，还可单独设课。

　　下篇主要内容为电机拖动与继电器控制技术实验实训。主要内容包括电机及拖动基础操作的基本要求和安全操作规程、直流电机项目、变压器项目、异步电机项目、特殊电机项目及继电器控制项目共 22 个。该部分内容可作为普通高等职业院校电气自动化技术、机电一体化技术、电机与电器等专业电机拖动与继电控制类课程的配套实验指导，也可作为电类相关专业实验教材和工程技术人员的参考用书。

通过对本书中实验的学习与操作，学生可掌握常见的电工仪表与交直流电机、变压器、继电器的基本使用方法，掌握应用型工程技术人员必须具备的电工与电机拖动理论知识，并具备较强的实践动手能力，为学习后续课程及从事实际工作奠定良好的基础。

参加本书编写的有四川机电职业技术学院黄宁（项目 1 ~ 项目 5）、刘正英（项目 6 ~ 项目 9，项目 29 ~ 项目 33）、王光福（项目 10 ~ 项目 13）、刘廷敏（项目 14 ~ 项目 16，项目 34 ~ 项目 40）、谢宇红（项目 17 ~ 项目 18）、刘惠兰（项目 19 ~ 项目 22）、张前毅（项目 23 ~ 项目 25）、倪小敏（项目 26 ~ 项目 28）。全书由黄宁、刘正英担任主编，王光福、倪小敏担任副主编。满海波担任本书的主审，对本书的编写原则和方法进行了具体指导，对书稿进行了认真负责的审查。

在编写本书过程中，攀钢轨梁厂刘自彩、鞍钢矿业公司彭俊杰等工程技术人员对课程教材进行项目化改革提出了宝贵的意见，在此深表谢意！

本书可作为《电机拖动与继电器控制技术》（冶金工业出版社 2015 年 8 月出版）的配套实验实训教材。

限于编者水平，书中不妥之处，敬请广大读者批评指正。

编　者
2015 年 5 月

目　录

上　篇
电工基础及应用实验指导

项目1　直流电路的认识

1.1　项目目的

（1）练习使用直流电流表和直流电压表，合理选用量程。

（2）练习使用直流稳压电源，验证电路串联、并联的性质和欧姆定律。

1.2　项目原理

（1）电路串联时（见图1-1），电路中的电流处处相等，电路的总电压等于各电阻上的电压降之和；各电阻上的电压与其阻值成正比；电路的总功率等于各电阻所消耗的功率之和；串联电阻起分压作用，各电阻两端的电压为：

$$U_1 = (R_1/R) \times U \qquad U_2 = (R_2/R) \times U$$

其中：
$$R = R_1 + R_2$$

（2）电路并联时（见图1-2），并联电路两端的电压相等，电路的总电流等于各电阻上通过的电流之和；各电阻上通过的电流与其阻值成反比；电路的总功率等于各电阻所消耗的功率之和；并联电阻起分流作用，各电阻上通过的电流为：

$$I_1 = (R_2/R) \times I \qquad I_2 = (R_1/R) \times I$$

其中：
$$R = R_1 R_2/(R_1 + R_2)$$

（3）欧姆定律：

$$I = U/R$$

（4）项目线路如图1-1、图1-2所示。图1-1、图1-2中：

$E = 10V$，$R_1 = 300\Omega$，$R_2 = 500\Omega$。

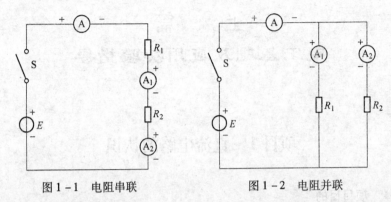

图 1 - 1　电阻串联　　　　　　图 1 - 2　电阻并联

1.3　项目仪器及器件

（1）直流电压源；（2）电阻元件；（3）电阻箱及动态元件；（4）直流电流表、电压表。

1.4　项目内容及步骤

（1）串联电路的测量：

1）按图 1 - 1 接线，检查无误后，方可通电进行项目，将电压源输出电压至 10V。

2）合上开关 S，用直流电流表测出回路中的各电流 I、I_1、I_2，将数据填入表 1 - 1。

3）用直流电压表测出 R_1、R_2 两端的电压 U_1、U_2，将数据填入表 1 - 1。

4）测量完毕后，断电。

（2）并联电路的测量：

1）按图 1 - 2 接线，检查无误后，方可通电进行项目，将电压源输出电压至 10V。

2）合上开关 S，用直流电流表测出各支路中的电流 I、I_1、I_2，并将数据填入表 1 - 1。

3）用直流电压表测出 R_1、R_2 两端的电压 U_1、U_2，将数据填入

表1-1。

4）测量完毕后，断电。

表1-1　实验数据

被测数据 电路形式	I	I_1	I_2	U	U_1	U_2
R_1、R_2 串联						
R_1、R_2 并联						

5）用表中数据验证欧姆定律。

1.5　项目注意事项

（1）使用电流表时，直流电流表必须串在电路中，接线时注意，应使电流从电流表的"＋"端流入，"－"端流出。

（2）使用电压表时，应将电压表并联在被测元件的两端，电压表的红表笔接高电位点，黑表笔接低电位点。

（3）要选择合适的量限。

1.6　项目报告要求

（1）完成项目测试和数据列表。

（2）计算结果与实际测量结果进行比较，说明误差原因。

（3）小结欧姆定律。

项目2　直流电路的电压和电位测定

2.1　项目目的

（1）加深对电位、电压及其关系的理解。

（2）掌握参考点与电位的关系，理解电位的单值性和相对性。

（3）学会测量电路中各点电位的方法及电位图的作法。

2.2　项目原理

（1）电压和电位。电压是指电路中任意两点之间存在的电势差。

若规定电路中某一点为参考点，则电路中各点与参考点之间的电压称为各点的电位，电路中参考点的电位等于零。

（2）参考点。当参考点选定后，各点的电位就有一个固定的值，这就是电位的单值性。参考点不同，各点电位也不同，它们同时升高或降低了一个数值，这就是电位的相对性，但任意两点间的电压与参考点的选取无关。同一电路中，每次测量只能选取一个参考点。

（3）等电位点。如果电路中某些点的电位相等，那么即使将这些点用导线联起来，导线中不会有电流，电路的工作状态也不会发生任何改变，则将这些点称为等电位点。

电位图是表示电路中电位分布与电阻关系的图。其作法是：在横坐标上按回路绕行方向依次截取与各段电路的电阻值成比例的线段，使各节点正好与电路上的节点相对应。沿纵坐标方向标出各对应点的电位，将各点电位用直线连接即得到对应电路的电位图。在选定参考点后，可以沿任一闭合路径按绕行方向做出电位图，并且电路上的任一点都可以作为电位图的起点，因为不影响各点的电位值与任何两点间的电压值。

（4）项目电路如图 2-1 所示。图中：$E_1 = 12V$，$E_2 = 5V$，$R_1 = 1000\Omega$，$R_2 = 200\Omega$，$R_3 = 500\Omega$，$R_4 = 100\Omega$，$R_5 = 300\Omega$，$R_6 = 100\Omega$，$R_7 = 400\Omega$。

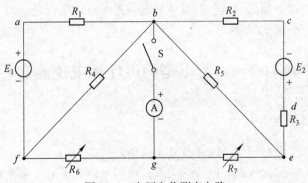

图 2-1　电压电位测定电路

2.3　项目仪器及器件

（1）电阻箱及动态元件；（2）直流电流表、电压表；（3）直流稳压源；（4）电阻元件。

2.4　项目内容及步骤

2.4.1　测量电位

按项目电路图 2 - 1 接线，其中 R_6、R_7 由电阻箱提供。检查无误后，方可通电进行项目。

（1）以 f 点为参考点，测量各点电位（测量电位的方法请阅读项目注意事项中的第 2 点），并将数据分别记入表 2 - 1 内（注：开关 S 断开）。

表 2 - 1　实验数据

项目		测　量　值						计　算　值					
	电位	ϕ_a	ϕ_b	ϕ_c	ϕ_d	ϕ_e	ϕ_f	U_{ab}	U_{bc}	U_{cd}	U_{de}	U_{ef}	U_{fa}
参考点 f	电位												
	单位												
	数值												
参考点 d	电位												
	单位												
	数值												
参考点 f ($\phi_b = \phi_g$)	电位												
	单位												
	数值												

（2）以 d 点为参考点，测量各点电位，分别记入数据表内（注：开关 S 断开）。

2.4.2　测量等电位点

将开关 S 闭合，配合调节 R_6、R_7 的阻值，使电流表的指示为零（$I_{bg} = 0$），再次以 f 点为参考点测量各点电位，记入数据表 2 - 1 中。并与测量以 f 为参考点测得对应点电位值进行比较，看其有何变化，并分析其原因。

2.5　项目注意事项

（1）研究同一个问题时，参考点不能随意变动。

（2）直流电压表的极性不能接错。

注：测量电位时，用电压表的黑表笔接参考点，红表笔接被测点，若指针正向偏转，则电位值为正值，若电压表的指针反偏，应互换表笔，然后读出电压数值，则此时的电位值为负值。

2.6　项目报告要求

（1）完成数据表格测试内容，分析参考点与电压电位的关系。

（2）绘制电路电位图。

项目3　基尔霍夫定律验证

3.1　项目目的

（1）加深对基尔霍夫定律的理解，用项目数据验证基尔霍夫定律。

（2）掌握电路连接方法，巩固直流电流表和电压表的使用方法。

（3）熟练仪器仪表的使用技术。

3.2　项目原理

基尔霍夫定律是电路理论中最基本的定律之一，它阐明了电路整体结构必须遵守的规律，应用极为广泛。

基尔霍夫定律有两条：一是电流定律，另一是电压定律。

（1）基尔霍夫电流定律（简称KCL）。在任一时刻，流入到电路任一节点的电流总和等于从该节点流出的电流总和，换句话说就是在任一时刻，流入到电路任一节点的电流的代数和为零。这一定律实质上是电流连续性的表现。运用这条定律时必须注意电流的方向，如果不知道电流的真实方向可以先假设每一电流的正方向（也称参考方向），根据参考方向就可写出基尔霍夫的电流定律表达式。例如图 3-1 所示为电路中某一节点 N，共有 5 条支路与它相连，5 个电流的参考正方向如图，根据基尔霍夫定律就可写出：

$$I_1 + I_2 + I_3 = I_4 + I_5$$

如果把基尔霍夫定律写成一般形式就是 $\sum I = 0$。显然，这条定律与各支路上接的是什么样的元件无关，不论是线性电路还是非线性电路，它是普遍适用的。

电流定律原是运用于某一节点的，也可以把它推广运用于电路中的任一假设的封闭面，例如图 3-2 所示封闭面 S 所包围的电路有 3 条支路与电路其余部分相连接，其电流为 I_1、I_2、I_3，则 $I_1 + I_2 + I_3 = 0$。

因为对任一封闭面来说，电流仍然必须是连续的。

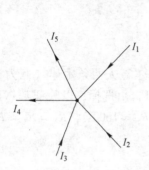 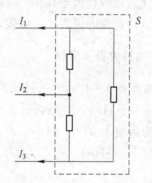

图 3-1 基尔霍夫电流定律　　图 3-2 基尔霍夫电流定律应用

（2）基尔霍夫电压定律（简称 KVL）。在任一时刻，沿闭合回路电压降的代数和总等于零。把这一定律写成一般形式即为 $\sum U = 0$，例如在图 3-3 所示的闭合回路中，电阻两端的电压参考正方向如箭头所示，如果从节点 a 出发，顺时针方向绕行一周又回到 a 点，便可写出：

$$U_1 + U_2 + U_3 - U_4 - U_5 = 0$$

显然，基尔霍夫电压定律也和沿闭合回路上元件的性质无关，因此，不论是线性电路还是非线性电路，它是普遍适用的。

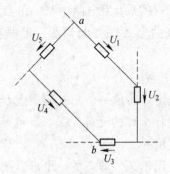

图 3 - 3　基尔霍夫电压定律

3.3　项目仪器及器件

（1）可调直流电压源；（2）电阻元件；（3）电阻箱及动态元件；（4）直流电流表、电压表。

3.4　项目内容及步骤

按照图 3 - 4 所示项目线路验证基尔霍夫两条定律（此为参考图，实际项目时，电路拓扑图和阻值可自由选择，以验证基尔霍夫定律为最终目的）。图中：$E = 10\text{V}$，$R_1 = 1000\Omega$，$R_2 = R_3 = R_5 = 500\Omega$，$R_4 = 300\Omega$。

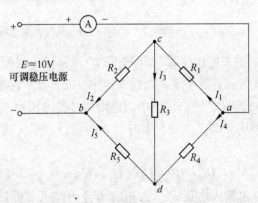

图 3 - 4　基尔霍夫定律项目线路

（1）图中 $E=10V$ 为可调直流电压源输出电压。调节时先调节电压粗调旋钮，再缓慢调节电压微调旋钮，直至电压表指示 10V，项目中电压调节好后保持不变。R_1、R_2、R_3、R_4、R_5 用电阻元件连接而成。在接线时各条支路都要串联连接一个电流表插口，测量电流时只要把电流表所连接的插头插入即可读数。

（2）测量各条支路电流用直流电流表，注意电流表量程及各支路电流流向，将测量结果填入表 3-1、表 3-2。

表 3-1　电流定律

方式 ＼ 支路电流	I	I_1	I_2	I_3	I_4	I_5
计算值						
测量值						

表 3-2　节点数据

相加 ＼ 节点	a	b	c	d
$\sum I$（计算值）				
$\sum I$（测量值）				
误差 ΔI				

（3）用直流电压表测量各支路电压及总电压，记入表 3-3、表 3-4，注意电压表量程及电压方向。

表 3-3　电压定律

方式 ＼ 支路电压	U_{ad}	U_{ac}	U_{dc}	U_{db}	U_{cb}	E
计算值						
测量值						

表 3 - 4　回路数据

回路 相加	acd	cbd	acbd	E_+acbE_-
$\sum U$（计算值）				
$\sum U$（测量值）				
误差 ΔU				

（4）通过项目验证 4 个节点 a、b、c、d 的 $\sum I$ 是否等于零，验证 4 个回路 acd、cbd、$acbd$、E_+acbE_- 的 $\sum U$ 是否等于零。

3.5　项目注意事项

（1）项目电路的连接，要按所选择的参考方向进行，读数时，注意电表的正负极性及数据的正负，正确记录。

（2）直流稳压电源的输出电压值，调节至项目需电压，并用电压表校验准确。

3.6　项目报告要求

（1）完成项目测试和数据列表。

（2）根据基尔霍夫定律及图 3 - 4 所示的电路参数计算出各支路电流及电压。

（3）计算结果与项目测量结果进行比较，说明误差原因。

（4）小结对基尔霍夫定律的认识。

项目 4　直流电阻的星形与三角形等效变换

4.1　项目目的

（1）进一步了解星形与三角形等效变换的意义和方法。

（2）加深对星形与三角形等效变换条件的理解。

4.2　项目原理

4.2.1　项目原理说明

直流电阻的星形与三角形等效变换如图 4-1、图 4-2 所示，其目的是简化任意无源二端网络。

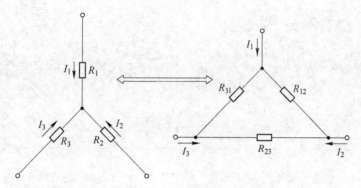

图 4-1　电阻的星形连接　　　图 4-2　电阻的三角形连接

电阻的星形连接与三角形连接等效变换前后，对应端钮间的电压不变，流入对应端钮的电流也不变，即必须保持外部特性相同。

（1）电阻星形连接等效为三角形连接：

$$R_{12} = (R_1 * R_2 + R_2 * R_3 + R_3 * R_1)/R_3$$

$$R_{23} = (R_1 * R_2 + R_2 * R_3 + R_3 * R_1)/R_1$$

$$R_{31} = (R_1 * R_2 + R_2 * R_3 + R_3 * R_1)/R_2$$

即三角形某边上的电阻等于星形连接时，各辅线电阻两两乘积之和与对面辅线电阻之比。

（2）电阻三角形连接等效为星形连接：

$$R_1 = R_{12} * R_{31}/(R_{12} + R_{23} + R_{31})$$

$$R_2 = R_{23} * R_{12}/(R_{12} + R_{23} + R_{31})$$

$$R_3 = R_{31} * R_{23}/(R_{12} + R_{23} + R_{31})$$

即星形连接的某一辅线的电阻等于此辅线两岸邻边的三角形的电阻之乘积，除以三角形三边电阻之和。

4.2.2　项目线路

项目线路如图 4 – 3、图 4 – 4 所示。图中：$E = 10V$，$R_{12} = R_{23} = R_{31} = 300\Omega$，$R_{24} = 100\Omega$，$R_{34} = 200\Omega$。

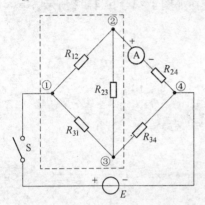 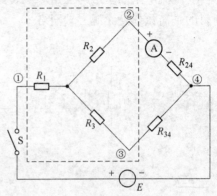

图 4 – 3　电阻三角形连接项目线路　　　图 4 – 4　电阻星形连接项目线路

4.3　项目仪器及器件

（1）可调直流电压源；（2）电阻元件；（3）电阻箱及动态元件；（4）直流电流表、电压表。

4.4　项目内容及步骤

（1）按项目电路图 4 – 3 接线，电路图中的电阻由电阻元件提供。检查无误后，通电进行项目，并将所测电压、电流数值分别记入数据表 4 – 1 内。

表 4 – 1　实验数据

电　路　联　接	测　量　数　据					
	U_{12}	U_{23}	U_{31}	U_{24}	U_{34}	I
①②③点间电阻"△"连接						
①②③点间电阻"Y"连接						

（2）利用等效变换公式，计算出等效电阻 R_1、R_2、R_3 的阻值。

$$R_1 = \qquad R_2 = \qquad R_3 =$$

（3）按项目电路 4 - 4 接好电路，R_{24}、R_{34} 的阻值不变，R_1、R_2、R_3 的阻值分别为步骤（2）所计算的阻值。测取对应步骤（1）的电流、电压数值，记入表 4 - 1 内。

4.5　项目注意事项

（1）旋转电阻箱的阻值调节，一定要在电源断开的情况下进行。

（2）在等效变换前后的电压测量中，要准确地测量出对应点间的电压。

4.6　项目报告要求

（1）完成项目测试和数据列表。

（2）小结电阻等效变换条件和方法。

项目 5　电压源与电流源的等效变换

5.1　项目目的

（1）掌握电源外特性的测试方法。

（2）验证电压源与电流源等效变换的条件。

5.2　项目原理

5.2.1　电压源和电流源

（1）一个直流稳压电源在一定的电流范围内，具有很小的内阻，故在使用中，常将它视为一个理想的电压源，即其输出电压不随负载电流而变，其外特性，即其伏安特性 $V = f(I)$ 是一条平行于 I 轴的直线。

一个恒流源在使用中，在一定的电压范围内，可视为一个理想的电流源。

（2）一个实际的电压源（或电流源），其端电压（或输出电流）

不可能不随负载而变，因它具有一定的内阻值。故在项目中，用一个小阻值的电阻（或大电阻）与稳压源（或恒流源）相串联（或并联）来模拟一个电压源（或电流源）的情况。

（3）一个实际的电源，就其外部特性而言，既可以看成是一个电压源，又可以看成是一个电流源。若视为电压源，则可用一个理想的电压源 E_S 与一个电阻 R_0 相串联的组合来表示；若视为电流源，则可用一个理想电流源 I_S 与一电导 G_0 相并联的组合来表示，若它们向同样大小的负载供出同样大小的电流和端电压，则称这两个电源是等效的，即具有相同的外特性。

电压源与电流源等效交换电路如图 5 - 1 所示。一个电压源与一个电流源等效变换的条件为：

$$I_S = E_S/R_0, \quad G_0 = \frac{1}{R_0}$$

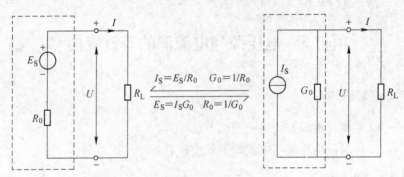

图 5 - 1　电压源与电流源等效变换

5.2.2　项目线路

直流稳压电源、实际电源的外特性分别如图 5 - 2、图 5 - 3 所示。图中：$E_S = 6V$，$R_1 = 200\Omega$，$R_0 = 50\Omega$。

电流源外特性如图 5 - 4 所示。图中：$I_S = 5mA$，$R_0 = 1k\Omega$ 或者∞。

电压源与电流源如图 5 - 5、图 5 - 6 所示。图中：$E_S = 6V$，$R_s = 50\Omega$，$R = 200\Omega$。

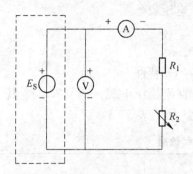

图 5 - 2　直流稳压电源的外特性

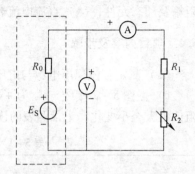

图 5 - 3　实际电压源的外特性

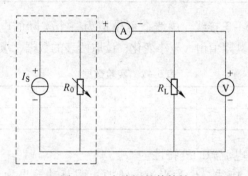

图 5 - 4　电流源的外特性

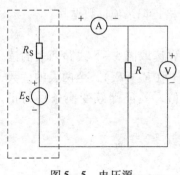

图 5 - 5　电压源

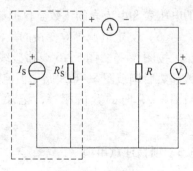

图 5 - 6　电流源

5.3　项目仪器及器件

（1）可调直流电流源、可调直流电压源；（2）电阻元件；（3）电阻箱及动态元件；（4）直流电流表、电压表。

5.4　项目内容及步骤

（1）测定直流稳压电源与电压源的外特性。

1）按图 5 - 2 接线，E_S 为 + 6V 直流稳压电源，调节 R_2，令其阻值由大至小变化，记录两表的读数，填入表 5 - 1。

表 5 - 1　实验数据

U/V						
I/mA						

2）按图 5 - 3 接线，虚线框可模拟为一个实际的电压源，调节电位器 R_2，令其阻值由大至小变化，读取两表的数据，填入表 5 - 2。

表 5 - 2　实验数据

U/V						
I/mA						

（2）测定电流源的外特性。

按图 5 - 4 接线，I_S 为直流电流源，调节其输出为 5mA，令 R_0 分别为 1kΩ 和 ∞，调节可变电阻 $R_L(0 \sim 470\Omega)$，测出这两种情况下的电压表和电流表的读数。自拟数据表格，记录项目数据。

（3）测定电源等效变换的条件。

按图 5 - 5、图 5 - 6 线路接线，首先读取图 5 - 5 线路两表的读数，然后调节图 5 - 6 线路中恒流源 I_S（取 $R_S' = R_S$），令两表的读数与图 5 - 5 时的数值相等，记录 I_S 之值，验证等效变换条件的正确性。

5.5　项目注意事项

（1）在测电压源外特性时，不要忘记测空载时的电压值；测电流源外特性时，不要忘记测短路时的电流值，注意恒流源负载电压不可超过 20V，负载更不可开路。

（2）改接线路时，必须断开电源开关。

（3）直流仪表的接入应注意极性与量程。

5.6　项目报告要求

（1）绘制所测电流源及电压源的外特性曲线。

（2）从项目结果，验证电压源和电流源是否等效。

（3）通过项目搞清楚理想电压源和理想电流源能否等效互换。

项目 6　叠加原理和替代定理验证

6.1　项目目的

（1）通过项目来验证线性电路中的叠加原理以及其适用范围。

（2）学习直流仪器仪表的测试方法。

6.2　项目原理

几个电动势在某线性网络中共同作用时（也可以是几个电流源共同作用，或电动势和电流源混合共同作用），它们在电路中任一支路产生的电流或在任意两点间所产生的电压降，等于这些电动势或电流源分别单独作用时，在该部分所产生的电流或电压降的代数和，这一结论称为线性电路的叠加原理。如果网络是非线性的，叠加原理不适用。图 6 - 1 所示电路含有一个非线性元件（稳压管），叠加原理不适用，如果将稳压管换成一线性电阻，则可以运用叠加原理。

本项目中，先使电压源和电流源分别单独使用，测量各点间的电压和各支路的电流，然后再使电压源和电流源共同作用，测量各点间的电压和各支路的电流，验证是否满足叠加原理。

给定任意一个线性电阻电路，其中第 k 条支路的电压 U_k 和电流 I_k 已知，那么这条支路就可以用一个具有电压等于 U_k 的独立电压源，或者用一个具有电流等于 I_k 的独立电流源来替代，替代后电路中全部电压和电流均保持原值（电路在改变前后，各支路电压和电流均应是唯一的）。

6.3　项目仪器及器件

（1）可调直流电流源、可调直流电压源；（2）电阻元件；（3）电阻箱及动态元件；（4）直流电流表、电压表。

6.4　项目内容及步骤

项目线路如图 6 - 1 所示。图中：$E = 10V$，$I_S = 30mA$，$R_1 = 1000\Omega$，$R_2 = R_3 = R_5 = 500\Omega$，$R_4 = 300\Omega$。

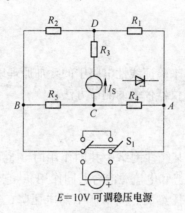

图 6 - 1　叠加原理项目线路图

（1）按图 6 - 1 接好项目电路，R_1、R_2、R_3、R_4、R_5 均用电阻元件，接线时可调直流电流源、电压源先应全部置零。

（2）调节可调直流电流源，使电流源输出为 30mA，且在项目中应保持此值不变。再调电压源，使其输出电压为 10V，在项目中也保持此值不变。

（3）验证叠加原理。A、B 端通过网络元件上钮子开关 S_1 与一根导线及电压源 E 接通。用一短接线将电流源短接，这就是电压源单独作用时的接线。测电压源 E 单独作用时，各条支路的电流和电压，注意仪表量限和测量值的符号，所测数据记入表 6 - 1。

表 6 - 1　验证叠加原理

条件＼项目	U_{AD}	U_{DC}	U_{BD}	U_{AC}	I_{AC}
E 单独作用					
I_S 单独作用					
E 和 I_S 共同作用					

　　将钮子开关 S_1 断开，使 A、B 端连至短路侧，同时将电流源 I_S 接通，再测各支路两端的电压和各支路电流，此时为电流源单独作用的值，也记入表 6 - 1。

　　将电压、电流源同时接通，重复以上测量，数据记入同一表格中。

　　（4）验证非线性元件不适用叠加定理。图 6 - 1 中 AC 支路的线性电阻 R_4 用稳压管代替，按步骤（3），重复测量各支路电流和电压，与替代前的数值进行比较，数据记入表 6 - 2 中。

表 6 - 2　AC 支路为稳压二极管时各支路电压及 AC 支路电流

条件＼项目	U_{AD}	U_{DC}	U_{BD}	U_{AC}	I_{AC}	U_{AC}/I_{AC}
E 单独作用						
I_S 单独作用						
E 和 I_S 共同作用						

　　（5）验证替代定理

　　根据步骤（4）中当二极管接入时测量出的电压 U_{AC} 和电流 I_{AC} 值，算得电阻值 $R = U_{AC}/I_{AC}$，将其支路 AC 换成算出的电阻值 R，重复测量各支路电压、电流，与替代前（二极管接入作用时）的数值进行比较，数据记入表 6 - 3 中。

表 6 - 3　AC 支路用算出电阻替代

条件＼项目	U_{AD}	U_{DC}	U_{BD}	U_{AC}	I_{AC}
接入二极管电路					
替代成算出电阻电路					

6.5　项目注意事项

（1）电流源不应开路，否则它两端正电压会很高。

（2）为安全起见，在断开 I_S 前，先用一短线将 I_S 短接，然后断开 I_S。

（3）电压源不应短路，否则电流会过大。

6.6　项目报告要求

（1）根据图 6 – 1 所示元件数值计算本项目电路中［步骤（3）的线性电路］U_{AC} 的数值，与项目结果进行比较。

（2）小结对叠加原理和替代定理的认识。

项目7　戴维南定理、诺顿定理验证

7.1　项目目的

（1）用项目来验证戴维南定理、诺顿定理的正确性。

（2）进一步学习常用直流仪器仪表的使用方法。

7.2　项目原理

任何一个线性网络，如果只研究其中的一个支路的电压和电流，则可将电路的其余部分看作一个含源一端口网络。而任何一个线性含源一端口网络对外部电路的作用，可用一个等效电压源来代替，该电压源的电动势 E_S 等于这个含源一端口网络的开路电压 U_K，其等效内阻 R_S 等于这个含源一端口网络中各电源均为零时（电压源短路，电流源开路）无源一端口网络的入端电阻。这个结论就是戴维南定理。

如果用等效电流源来代替上述线性含源一端口网络，其等效电流 I_S 等于这个含源一端口网络的短路电流 I_d，其等效内电导等于这个含源一端口网络各电源均为零（电压源短路，电流源开路）时所对应的无源一端口网络的入端电导，这个结论就是诺顿定理。

7.3　项目仪器及器件

（1）可调直流电流源、可调直流电压源；（2）电阻元件；（3）电阻箱及动态元件；（4）直流电流表、电压表。

7.4　项目内容及步骤

（1）测出含源一端口网络的端电压 U_{AB} 和端电流 I_R，并绘出它的外特性曲线 $U_{AB} = f(I_R)$。

1）按图 7 - 1 接好项目电路；负载电阻 R 用可变电阻。图 7 - 1 中：$E = 10V$，$I_S = 30mA$，$R_1 = R_2 = 500\Omega$，$R_3 = 1000\Omega$。

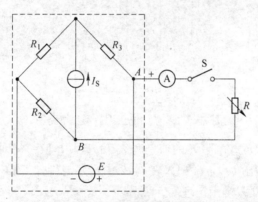

图 7 - 1　戴维南定理项目线路

2）调节可调直流电流源，使其输出电流为 15mA。再调直流电压源，使其输出电压为 10V，调节前直流电流源、电压源均应先置零。

3）改变负载电阻 R，对每一 R 值，测出 U_{AB} 和 I_R 值，记入表 7 - 1，特别注意要测出 $R = \infty$（此时测出的 U_{AB} 即为 A、B 端开路电压 U_K）和 $R = 0$（此时测出的 I_R 即为 A、B 端短路时的短路电流 I_d）时的电压和电流。作出 $U_{AB} = f(I_R)$ 曲线。

（2）测出无源一端口网络的入端电阻。

1）将图 7 - 1 除源，即将电流源 I_S 开路，将电压源 E_S 短路，再将负载电阻 R 开路。

2）用万用表电阻挡测 A、B 两点间电阻 R_{AB}，即为有源一端口网络所对应的无源一端口网络的入端电阻，也就是此有源一端口网络所对应等效电压源的内电阻 R_S。

（3）验证戴维南定理。

1）调节可变电阻使其等于 $R_{AB} = R_S$，然后将可调电压源输出电压调至等于有源一端口网络的开路电压 U_K 与 R_{AB} 串联组成如图 7 – 2 所示等效电压源，负载电阻 R 仍用可变电阻。

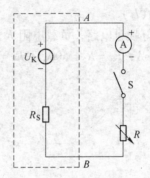

图 7 – 2　等效为电压源后项目电路图

2）改变负载电阻 R 的值（与表 7 – 1 中 R 值一一对应，便于比较），重复测出 U_{AB}，I_R 记入表 7 – 2 中，并与步骤（1）中所测得的值比较，验证戴维南定理。

表 7 – 1　有源一端口网络的外特性 $U_{AB} = f(I_R)$

R_L/Ω	0	100	200	300	400	500	600	1000	2000	∞
U_{AB}/V										
I_R/mA										

表 7 – 2　等效电压源的外特性 $U_{AB} = f(I_R)$

R_L/Ω	0	100	200	300	400	500	600	1000	2000	∞
U_{AB}/V										
I_R/mA										

（4）诺顿定理。调节可调电流源输出电流等于本项目内容（1）中步骤3）中 $R = 0$ 时短路电流，将此电流源与一等效电导 $G_S = 1/R_S$

（R_S 为本项目内容（2）中无源一端口网络的入端电阻）并联后组成的实际电流源（图7-3）接上负载电阻 R，重复本项目内容（1）中步骤3）的测量，将测量数据记入表7-3，并与表7-1中数据进行比较，看看用等效电压源代替原有源一端口网络与用等效电流源与用等效电流源代替同一有源一端口网络对外部电路的作用是否等效。为便于比较，本项目内容中电阻 R 的变化最好与表7-1中一一对应相等。

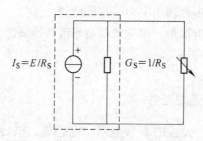

图7-3　等效为电流源后项目电路图

表7-3　等效电源的外特性

R_L/Ω	0	100	200	300	400	500	600	1000	2000	∞
U_{AB}/V										
I_R/mA										

7.5　项目注意事项

（1）测量时注意电流表、电压表量程的更换。

（2）电源置零时不可将电压源短接。

（3）改接线路时，要关掉电源。

7.6　项目报告要求

（1）根据项目测得的 U_{AB} 及 I_R 数据，分别绘出曲线，验证它们的等效性，并分析误差产生的原因。

（2）根据表7-1所测得的开路电压 U_K 和短路电流 I_d，计算有源二端网络的等效内阻与理论计算值进行比较。

项目 8　交流电路参数的测定

8.1　项目目的

（1）学习用交流电压表、电流表和功率表测定交流电路参数的方法。

（2）学习调压器和功率表的正确使用。

（3）加深对阻抗角，相位差及功率因数等概念的理解。

8.2　项目原理

8.2.1　项目原理说明

交流电路中，元件的参数电阻、电感量、电容量，可以用交流电桥直接测量，也可用交流电压表、电流表和有功功率表测得元件的端电压，通过元件的电流和元件所消耗的功率，利用公式计算得出。这种方法称为三表法。这种测量方法更适合于非性阻抗元件的测量。

各电量间的关系式为：

$$Z = U/I, \ \cos\varphi = P/UI, \ R_X = P/I^2$$

$$X_L = \frac{1}{I}\sqrt{U^2 - \left(\frac{P}{I}\right)^2}$$

当被测电抗为感抗时，其电感量为：

$$L = \frac{1}{2\pi f \cdot I}\sqrt{U^2 - \left(\frac{P}{I}\right)^2}$$

当被测电抗为容抗时，其电容量为：

$$C = \frac{1}{\dfrac{2\pi f}{I}\sqrt{U^2 - \left(\dfrac{P}{I}\right)^2}}$$

8.2.2　项目电路

项目电路如图 8-1 所示。

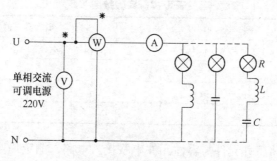

图 8 - 1   交流电路参数测定

8.3   项目仪器及器件

（1）单相、三相有功功率表；（2）交流电压表、电流表；（3）十进制电容器、电感；（4）灯泡；（5）单相调压器。

8.4   项目内容及步骤

按照项目电路图 8 - 1 接线，将调压器的输出电压调至项目数据表要求的电压值，进行交流参数的测定。

（1）测定感性元件的交流参数。将感性阻抗负载接入电路，按项目数据表 8 - 1 所要求的内容进行测量。

表 8 - 1   实验数据

测 量 值					计 算 值			
V/V	I/mA	P/W	U_R/V	U_L/V	$\cos\varphi$	Z/Ω	R/Ω	L/H
100								
150								
200								

（2）测定容性元件的交流参数。将电路阻抗负载接入容性元件，按数据表 8 - 2 的内容进行测量。

表 8 - 2　实验数据

测　量　值					计　算　值			
V/V	I/mA	P/W	U_R/V	U_C/V	$\cos\varphi$	Z/Ω	R/Ω	$C/\mu F$
100								
150								
200								

（3）将感性元件与容性元件串联接入电路，测定串联的交流参数，按照数据表 8 - 3 内容进行测量。

表 8 - 3　实验数据

测　量　值						计　算　值			
V/V	I/mA	P/W	U_R/V	U_L/V	U_C/V	Z/Ω	R/Ω	X/Ω	$\cos\varphi$
100									
150									
200									

8.5　项目注意事项

（1）单相调压器在使用之前，应调节输出电压为零的位置，使用时，从零开始逐渐上升至项目所需电压。做完项目后，将调压器调回零位，再断开电源。

（2）电容器用过后，要进行放电处理。

8.6　项目报告要求

根据测试数据，计算网络等值参数，比较分析各测试方法特点。

项目9　RLC 串联谐振电路

9.1　项目目的

（1）观察谐振现象，加深对串联谐振特点的理解。

（2）学习测量 RLC 串联电路的通用谐振曲线。

9.2 项目原理

9.2.1 项目原理说明

（1）电路特性。RLC 串联谐振电路如图 9 – 1 所示。图中，

$$U = U_R + U_L + U_C$$
$$= I[R + j(X_L - X_C)]$$
$$= IZ$$

而
$$X_L = \omega L \quad X_C = \frac{1}{\omega C}$$

当 $\omega L < \dfrac{1}{\omega C}$ 时，$U_L < U_C$，电路呈容性；

当 $\omega L > \dfrac{1}{\omega C}$ 时，$U_L > U_C$，电路呈感性；

当 $\omega L = \dfrac{1}{\omega C}$ 时，$U_L = U_C$，电路呈电阻性。

将 $\omega L = \dfrac{1}{\omega C}$ 状态称为串联谐振。电路发生串联谐振时频率 f_0 称为谐振频率。

$$f_0 = \frac{1}{2\pi\sqrt{LC}}$$

因此改变电路参数 ω、L、C 三者之一，都可使电路发生谐振。串联谐振时，电路中电流最大 $I = U/Z = U/R$，且电流与总电压同相位。

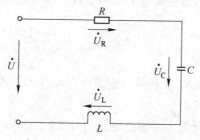

图 9 – 1 RLC 串联谐振电路

（2）品质因数 Q。谐振时 $Q = \dfrac{\omega_0 L}{R} = \dfrac{1}{\omega_0 RC} = \dfrac{1}{R}\sqrt{\dfrac{L}{C}}$ 称为谐振电路的品质因数。Q 是由电路的参数决定的，当 L、C 为定值时，Q 受 R 的影响，R 越小 Q 值越大。电路的品质因数 Q 值越大，电路的选择性越好。且谐振时，$V_L = QV$，$V_C = QV$。若 $X_L = X_C > R$，则 $Q > 1$，因此电容及电感上的电压会大于电源电压。一般通讯设备要求 Q 值大（有一定选择条件），而电力设备应避免谐振，防止过电压。

9.2.2　项目线路

项目线路如图 9-2 所示，图中：$R = 200\,\Omega$，$C = 4\,\mu\mathrm{F}$，$L = 20\,\mathrm{mH}$。

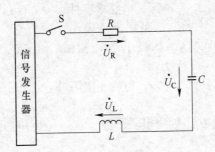

图 9-2　RLC 串联谐振项目电路

9.3　项目仪器及器件

（1）函数信号发生器及数字频率计；（2）电子电压表；（3）电阻、电容、电感；（4）示波器。

9.4　项目内容及步骤

按项目电路图 9-1 接线，电路中各元件的参数调至给定值，检查无误后进行项目。

（1）调节信号发生器输出电压的有效值为 4V，并在项目中维持电压值不变，测量不同频率时的电压、电流数值，记入数据表 9-1 内。

表 9 – 1　实验数据

项　目		1	2	3	4	5	6	7	8	9
f/Hz										
测量数据	V_R/V									
	V_L/V									
	V_C/V									

　　为了合理读取项目数据，可先将频率由低到高粗调一次，注意找到谐振频率 f_0，然后选择 9 个不同频率值进行测量（注：数据表的第 5 组一定记录电路谐振时的数据）。

　　（2）保持信号发生器的输出电压值为 4V。且 L、C 也不变化，仅改变电阻 R 的阻值，重复项目步骤（1）的内容，并将项目数据记录在表 9 – 2 内。

表 9 – 2　实验数据

项　目		1	2	3	4	5	6	7	8	9
R										
测量数据	V_R/V									
	V_L/V									
	V_C/V									

9.5　项目注意事项

　　（1）RLC 串联谐振项目采用变频调谐，改变频率后必须重新调节信号发生器的输出电压值，保持电压值一致。

　　（2）参照理论计算的 f_0 值，并在 f_0 附近多取几点数据。

　　（3）电路发生谐振时，L 和 C 上可能出现过电压，测量时应注意仪表量程，防止损坏仪表。

9.6　项目报告要求

　　（1）完成项目测试和数据列表。

　　（2）绘制 RLC 串联电路的谐振曲线。

项目 10　日光灯电路及功率因数的提高

10.1　项目目的

（1）掌握提高功率因数的意义和方法。

（2）熟悉日光灯电路，了解日光灯的工作原理。

10.2　项目原理

10.2.1　项目原理说明

由于工业和民用电器的感性负载功率因数较低，而当负载的端电压一定时，输送一定功率情况下，功率因数越低，输电线路的电流就越大，引起线路上的压降也越大，因此导致电能损耗增加，输电效率降低，电源利用率降低。

提高感性负载电路的功率因数，可以充分发挥电源设备的利用率、提高输电效率。

日光灯电路是典型的 R - L 串联电路。当并联上电容后，电路所选参考方向和矢量图如图 10 -1 所示。

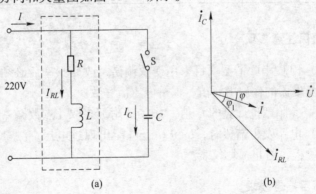

图 10 -1　日光灯电路原理图

（a）电路图；（b）矢量图

从矢量图可以看出，感性负载并联电容后能提高功率因数。设并联电容前：

$$\cos\varphi_1 = \frac{P}{UI_{RL}}$$

并联电容后：

$$\cos\varphi = \frac{P}{UI}$$

将功率因数 $\cos\varphi_1$ 提高到 $\cos\varphi$ 所需并联的电容 C 值为：

$$C = \frac{P}{\omega U^2}(\tan\varphi_1 - \tan\varphi)$$

功率因数 $\cos\varphi$ 是整个电路的功率因数，而 R－L 串联支路中的电流、功率因数以及其有功率均不变。取并联电容与否，不影响原电路的工作状态。

10.2.2 日光灯电路简介

（1）日光灯构造。日光灯由灯管，镇流器和启辉器 3 部分组成。

如图 10－2 所示灯管 A 用玻璃制成，内壁涂有一层荧光粉，管内充有少量的水银蒸气和惰性气体，灯管两端装有由钨丝绕成的灯丝，灯丝上涂有受热后易发射电子的氧化物。

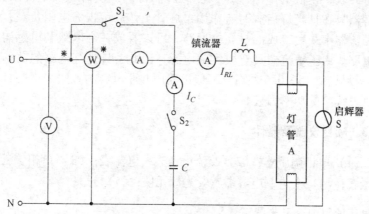

图 10－2 日光灯电路项目电路图

镇流器 L 是一个铁心线圈，其作用是在日光灯启辉时，由它产生很大的感应电动势使灯管点燃，在灯管正常工作时，限制电流，使灯管稳定工作。

启辉器 S 起一个自动开关的作用。在玻璃泡内充有氖气，并装有两个电极，其中一个由双金属片制成，高温时两极接通，低温时断开。

（2）日光灯的启辉过程。刚接通电源时，电压不足以使灯管点燃，此时，启辉器两极间承受着电源电压，发生辉光放电，使其中双金属片受热，两极接触，接通灯丝电路，电流流过镇流器，日光灯的灯丝与启辉器辉光管内的电极构成的回路，其值约为灯管正常工作电流的两倍。灯丝因通过电流很快发热，从而使氧化物发射电子。启辉器的两个极接触后，辉光放电消失，双金属片将变冷而恢复原状，使电路突然断开。在电路断开瞬间，回路中的电流因突然切断，立即使镇流器产生比电源电压高得多的感应电势，它与电源电压一起加在灯管之间，使灯管内惰性气体分子放电，同时辐射出不可见的紫外线，而紫外线激发灯管壁的荧光物质发出可见光，日光灯便进入正常工作状态。

灯管点燃后，电路中电流将在镇流器上产生较大电压降，灯管两端电压锐减，灯管压降只有电源电压的一部分，由于启辉器是与灯管并联，较低的电压不足以使启辉器再次产生辉光放电。因此，启辉器只在日光灯启辉时有作用，灯管工作后可视为电阻负载，它与镇流器串联后组成的日光灯通路，可以看成一个电阻和电感的串联电路。由于镇流器具有较大的电感，因此，日光灯电路的功率因数一般只有 0.5 ~ 0.6 左右。一般可以用并联电容的方法来提高日光灯供电线路的功率因数。

10.3　项目仪器及器件

（1）单相调压器；（2）交流电压表、电流表；（3）单相、三相功率表；（4）十进制电容器及荧光灯元件；（5）开关。

10.4　项目内容及步骤

（1）按图 10 - 2 连接线路。

（2）将开关 S_1 闭合，电容支路开关 S_2 断开，通电并观察日光灯的启辉过程，待灯管点亮后，将开关 S_1 断开，测出项目数据表中 $C=0$ 时的各项测量数据，记入表 10-1 内。

（3）合上开关 S_2，改变电容 C 的数值，将测量的数据均记入表 10-1 内（注：每次改变电容之前，应先将开关 S_1 闭合，待改变电容之后，再将开关 S_1 断开）。

表 10-1 实验数据

顺序	电容量 $C/\mu F$	测 量 值							计算
		U/V	U_R/V	U_L/V	U_C/V	I/mA	I_{RL}/mA	I_C/mA	P/W	$\cos\varphi$
1									
2									
3									
4									
5									

10.5 项目注意事项

（1）日光灯启动电流较大，启动时用单刀开关将功率表的电流线圈和电流表短路，防止仪表损坏。

（2）电容器用后要进行放电处理。

（3）注意人身和设备安全。

10.6 项目报告要求

（1）完成上述数据测试，列表记录。

（2）说明功率因数提高的意义。

项目 11 三相交流电路分析

11.1 项目目的

（1）研究负载的线电压与相电压，以及线电流与相电流的关系。

（2）加深理解三相星形负载电路中线的作用。

（3）分析研究三相电路的故障状态。

11.2　项目原理

11.2.1　三相星形电路

三相星形电路如图 11 – 1 所示。

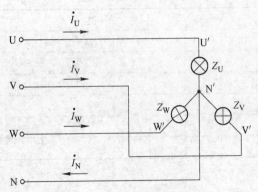

图 11 – 1　三相星形电路原理图

（1）三相星形对称负载的星形连接。

$$Z_U = Z_V = Z_W$$

电路有以下关系式：

$$I_l = I_p$$
$$U_l = \sqrt{3} U_p$$
$$I_U = I_V = I_W$$
$$\dot{I}_N = \dot{I}_U + \dot{I}_V + \dot{I}_W = 0$$
$$U_{N'N} = 0$$

因 $I_N = 0$，可以不要中线。

（2）三相不对称负载的星形连接。

$$Z_U \neq Z_V \neq Z_W$$

电路有以下关系式：

$$I_U = \frac{U_{U'N'}}{Z_U}$$

$$I_V = \frac{U_{V'N'}}{Z_V}$$

$$I_W = \frac{U_{W'N'}}{Z_W}$$

$$I_U \neq I_V \neq I_W$$

$$I_N \neq 0$$

中性点电压：

$$\dot{U}_{N'N} = \frac{\dot{U}_{U'N'}\dot{Y}_U + \dot{U}_{V'N'}\dot{Y}_V + \dot{U}_{W'N'}\dot{Y}_W}{Y_U + Y_V + Y_W + Y_N}$$

$$Y_N = \frac{1}{Z_N}（中线阻抗 Z_N \neq 1）$$

（3）一相短路（$Z_U \neq 0$）无中线负载对称。

中性点电压：

$$\dot{U}_{N'N} = \dot{U}_{UN'}$$

负载相电压：

$$\dot{U}_{U'N} = 0$$

$$\dot{U}_{VN} = -\dot{U}_{UV}$$

$$\dot{U}_{WN} = -\dot{U}_{WU}$$

（4）一线断路（设 U 线断路）。

中性点电压：

$$\dot{U}_{N'N} = -\frac{\dot{U}_U}{Z}$$

负载相电压：

$$\dot{U}_{V'N'} = -\frac{\dot{U}_{V'W}}{Z}$$

$$\dot{U}_{W'N'} = -\frac{\dot{U}_{V'W}}{Z}$$

11.2.2　三相三角形电路

三相三角形电路如图 11 -2 所示。

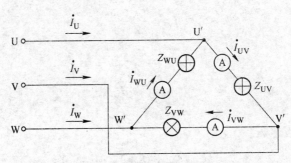

图 11 - 2　三相三角形电路原理图

（1）三相对称负载的三角形连接。

$$Z_{UV} = Z_{VW} = Z_{WU}$$

电路有如下关系式：

$$\dot{U}_1 = \dot{U}_P$$

$$\dot{I}_U = \dot{I}_{UV} - \dot{I}_{WU}$$

$$\dot{I}_V = \dot{I}_{VW} - \dot{I}_{UV}$$

$$\dot{I}_W = \dot{I}_{WU} - \dot{I}_{VW}$$

$$\dot{I}_1 = \sqrt{3}\,\dot{I}_P$$

（2）三相负载对称一相负载断路（设 $Z_{UV} = \infty$），则：

$$\dot{I}_{UV} = 0$$

$$\dot{I}_{VW} = \dot{I}_{WU} = \frac{\dot{U}_1}{Z_P}$$

$$\dot{I}_U = \dot{I}_V = \dot{I}_{WU} = \dot{I}_{VW}$$

$$\dot{I}_W = \sqrt{3}\,\dot{I}_P$$

（3）一根为线断路（设 U 线断路），则：

$$\dot{U}_{VW} = \dot{U}_1$$

$$\dot{U}_{UV} = \dot{U}_{WU} = \frac{\dot{U}_1}{Z}$$

$$\dot{I}_{UV} = \dot{I}_{WU} = \frac{\dot{U}_1}{2Z_P}$$

$$\dot{I}_{VW} = \frac{\dot{U}_1}{Z_{VW}} = 2\dot{I}_{UV}$$

$$\dot{I}_U = 0$$

$$\dot{I}_V = \dot{I}_W = 3\dot{I}_{UV}$$

11.2.3 项目线路

三相星形电路、三相三角形电路分别如图 11-3、图 11-4 所示。

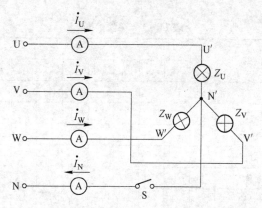

图 11-3 三相星形项目电路图

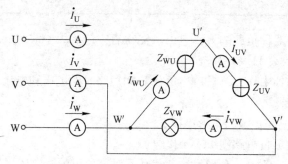

图 11-4 三相三角形项目电路图

11.3 项目仪器及器件

(1) 单相调压器；(2) 交流电压表、电流表；(3) 开关；(4) 三相负载灯泡；（5）单相调压器。

11.4 项目内容及步骤

（1）三相负载星形连接。

1）按项目电路图 11 - 3 接线。

2）分别测量对称负载和不对称负载，有中线、无中线时的线电压和相电压，线电流和中线电流，以及中性点电压，记入数据表 11 - 1 内。

表 11 - 1   实验数据

| 项　目 | | 测　量　值 | | | | | | | | | |
		U_{UV}	U_{VW}	U_{WU}	$U_{U'N'}$	$U_{V'N'}$	$U_{W'N'}$	$U_{N'N'}$	I_U	I_V	I_W	I_N
单　位												
有中线	负载对称											
	负载不对称											
	负载对称 U 线断											
无中线	负载对称											
	负载不对称											
	负载对称 U 线断											
	负载对称 U 相短路											

3）将对称负载的 U 线断开，测得有中线、无中线的电压和电流数据，记入表 11 - 1 内。

4）去掉中线，测量对称负载 U 相短路时的电压和电流值，记入表 11 - 1 内。

（2）三相负载三角形连接。

1）按项目电路图 11 - 4 接线。

2）分别测量三角形对称负载和不对称负载的线电压（等于相电压），线电流和相电流，记入数据表 11 - 2 内。

3）将对称负载的一相断开，测量步骤 2）的对应数据，分别记入表 11 - 2 内。

4）将对称负载的一火线断开，测量步骤 2）的对应数据，分别记入表 11 – 2 内。

表 11 – 2 实验数据

项 目	测 量 值								
	$U_{U'V'}$	$U_{V'W'}$	$U_{W'U'}$	I_U	I_V	I_W	I_{UV}	I_{VW}	I_{WU}
单 位									
负载对称									
负载不对称									
负载对称 U 相断开									
负载对称 U 线断开									

11.5 项目注意事项

（1）凡需改接线路，一定要先断开电源。

（2）负载作一相短路的项目时，切记断开中线。

（3）项目中，注意人身安全和设备安全。

11.6 项目报告要求

完成上述数据测试和列表记录。

项目 12 单相电度表的校验

12.1 项目目的

（1）熟悉电度表的结构及工作原理。

（2）掌握单相电度表的接线方法。

（3）学会单相电度表的校验方法。

（4）观察单相电度表的潜动现象及电度表的反转。

12.2 项目原理

12.2.1 项目原理说明

（1）电度表是一种感应式仪表，是根据交变磁场在金属中产生感应电流，从而产生转矩的基本原理而工作的仪表，主要用于测量交流电路中的电能，它的指示器不能像其他指示仪表的指针一样停留在某一位置，而应能随着电能的不断增大（也就是随着时间的延续）而连续地转动，这样才能随时反映出电能积累的数值。因此，它的指示器是一个"积算机构"，它是将转动部分通过齿轮传动机构折算为被测电能的数值，由一系列齿轮上的数字直接指示出来。

它的驱动元件是由电压铁芯线圈和电流铁芯线圈在空间上、下排列，中间隔以铝制的圆盘。驱动两个铁芯线圈的交流电，建立起合成的特殊分布的交变磁场，交变的磁场穿过铝盘，在铝盘上产生出感应电流，该电流与磁场的相互作用结果产生转动力矩驱使铝盘转动。

铝盘上方装有一个永久磁铁，其作用是对转动的铝盘产生制动力矩，使铝盘转速与负载功率成正比。因此，在某一测量时间内，负载所消耗的电能 W 就与铝盘的转数 n 成正比。

$$N = \frac{n}{W}$$

比例系数 N 称为电度表常数，常在电度表上标明，其单位是 r/(kW·h)。

（2）电度表的灵敏度是指在额定电压、额定频率及 $\cos\varphi = 1$ 的条件下，从零开始调节负载电流，测出铝盘刚开始转动的最小电流值 $I_{\min}$，则仪表的灵敏度表示为：

$$S = \frac{I_{\min}}{I_N} \times 100\%$$

式中，I_N 为电度表的额定电流。

（3）电度表的潜动是指负载等于零时，电度表仍出现缓慢转动的情况，按照规定，无负载电流时，外加电压为电度表额定电压的110%（达242V）时，观察铝盘的转动是否超过一圈，凡超过一圈者，判为潜动不合格的电度表。

12.2.2　项目线路

项目线路如图 12 - 1 所示。

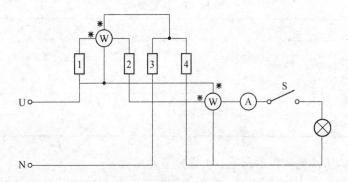

图 12 - 1   电度表校验项目图

12.3   项目仪器及器件

（1）电度表、秒表；（2）交流电压表、电流表；（3）单相、三相功率表；（4）开关；（5）灯泡；（6）单相调压器；（7）滑线变阻器。

12.4   项目内容及步骤

被校验电度表的数据：额定电流 I_N = _____，额定电压 U_N = _____，电度表常数 N = _____，准确度为_____。

（1）用功率表、秒表法校验电度表的准确度。按图 12 - 1 接线，电度表的接线与功率表相同，其电流线圈与负载串联，电压线圈与负载并联。

线路检查正确后，接通电源，将调压器的输出电压调到 220V，按表 12 - 1 的要求接通灯组负载，用秒表定时记录电度表铝盘的转数及记录各表的读数。

为了减小误差，在数圈数的时候，可将电度表铝盘上的一小段红色标记刚出现（或刚结束）时作为秒表计时的开始。此外，为了能记录整数转数，可先预定好转数，待电度表铝盘刚转完此转数时，作为秒表测定时间的终点，所有数据记入表 12 - 1。

表 12 - 1　实验数据

负载情况（灯泡）	测 量 值					计 算 值		
	V/V	I/A	P/kW	测定时间 t/h	转数 n	实测电能/kW·h $W_X = \dfrac{n}{N}$	计算电能/kW·h $W_0 = pt$	$\dfrac{W_0 - W_X}{W_0}$
$3 \times 15W$								
$6 \times 15W$								

为了准确和熟悉起见，可重复多做几次。

（2）灵敏度的检查。电度表铝盘刚开始转动的电流往往很小，通常只有 $0.5\% I_N$，故将图 12 - 1 中的灯组负载拆除，换接一个 $100k\Omega/3W$ 的滑线变阻器，调节滑线变阻器，记下使电度表铝盘刚开始转动的最小电流值，然后通过计算求出电度表的灵敏度 $\left(S = \dfrac{I_{\min}}{I_N} \times 100\% \right)$，并与标称值作比较。

（3）检查电度表潜动是否合格。此时，只要切断负载，即断开电度表的电流线圈回路，调节调压器的输出电压为额定电压的 110%（即 242V），仔细观察电度表的铝盘有否转动，一般允许有缓慢地转动，但应在不超过一圈的任一点上停止，这样，电度表的潜动为合格，否则为不合格。

12.5　项目注意事项

（1）电度表的校验过程中，电压的调节一定不要超过额定电压值。

（2）正确选择功率表的量程。

（3）记录时，同组的同学一定要密切配合秒表定时，读取转数步调要一致，以确保测量的准确性。

12.6　项目报告要求

（1）完成上述数据测试和列表记录。

（2）说明所校验的电度表的准确度。

项目 13 功率因数及相序的测量

13.1 项目目的

(1) 熟悉三相交流电路相序的测量方法。

(2) 熟悉功率因数表的使用方法，了解负载性质对功率因数的影响。

13.2 项目仪器及器件

(1) 功率因数表；(2) 交流电压表、电流表；(3) 单相、三相功率表；(4) 十进制电容器、电感、灯泡；(5) 单相调压器。

13.3 项目内容及步骤

(1) 相序的测定。

1) 按图 13-1 接线，直接接入线电压为 220V 的三相交流电源，观察灯光明亮状态，做好记录。图中：$R = 3.2k\Omega$；$C = 4.7\mu F$。

由于 $U_{VN} = 0.862U$，$U_{WN} = 0.23U$，所以 V 相灯光比 W 相灯光要亮，若电源引出的相序未知，可设电容一相为 U 相，则灯光亮的一相即为 V 相，灯光暗的为 W 相。

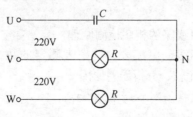

图 13-1 相序测定图

2) 将电源线任意调换两相后，再接入电路，观察灯光的明亮状态，并指出三相交流电源的相序。

(2) 电路功率因数 (cosφ) 的测定 (功率表和功率因数表接线在一起)。按图 13-2 接线，分别接入电灯、电容、电感 (用荧光灯中的镇流器作电感)，将 U、I、P、$\cos\varphi$ 记录在表 13 – 1，并分析负载的性质。

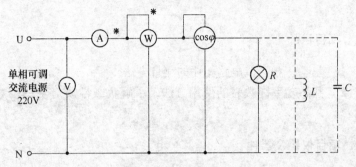

图 13 – 2　功率因数测定电路

表 13 – 1　实验数据

串入负载	U/V	I/A	P/W	$\cos\varphi$	负载性质
电灯					
电感					
电容					

13.4　项目注意事项

每次改接线路都必须先断开电源。

13.5　项目报告要求

(1) 简述项目线路的相序检测原理。

(2) 根据电压表、电流表、功率表测定的数据，计算出 $\cos\varphi$，并与 $\cos\varphi$ 的读数比较，分析误差原因。

(3) 分析负载性质对 $\cos\varphi$ 的影响。

项目 14　万用表的使用

14.1　项目目的

(1) 熟悉 500 型万用表的基本结构。

（2）会用 500 型万用表测量电阻、直流电压。

14.2 项目仪器及器件

（1）500 型万用表；（2）直流电源；（3）交流电压源；（4）电阻挂件；（5）单相调压器。

14.3 项目内容及步骤

14.3.1 万用表的结构

万用表主要由表头（测量机构）、测量线路和转换开关组成。它的外形做成便携式或袖珍式，标度盘、转换开关、调零旋钮以及插孔等装在面板上。各种形式的万用表外形布置不完全相同，图 14 - 1 是 500 型万用表的外形结构。

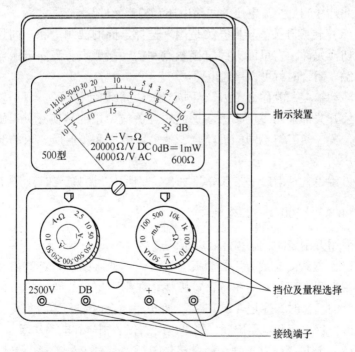

图 14 - 1 500 型万用表的外形结构

（1）表头。万用表的表头多采用灵敏度高、准确度较好的磁电系直流微安表，其满刻度偏转电流一般为几微安至几百微安。满偏电流越小，灵敏度就越高，测量电压时的内阻就越大，因而电表对被测线路的工作状态的影响也就越小。一般万用表在作电压表使用时内阻为 $2000 \sim 10000\Omega/V$，高的可达 $100000\Omega/V$。表头本身的准确度一般在 0.5 级以上，做成万用表后一般为 $1.0 \sim 5.0$ 级。表头刻度盘标有多种刻度尺，可以直接读出被测量。

（2）测量线路。万用表用一只表头能测量多种电量，并具有多种量程。实现这些功能的关键是通过测量线路的变换，把被测量变换成磁电系表头所能接受的直流电流。可见测量线路是万用表的中心环节。一只万用表，它的测量范围越广，其测量线路也就越复杂，但各种万用表的基本电路是大同小异的。

测量线路中的元件，绝大部分是线绕电阻、碳膜电阻、电位器等，此外在测量交流电压的线路中还有整流元件。

（3）转换开关。转换开关是用来选择不同的被测量和不同量程时的切换元件，它里面有固定接触点和活动接触点，当固定触点和活动触点闭合时就可以接通电路。

活动触点一般称为"刀"，固定触点一般称为"掷"。万用表中的转换开关都采用多层多刀多掷波段开关或专用的转换开关。旋转刀的位置，使刀与不同的掷闭合，就可以改换和接通所要求的测量线路。

万用表就是由以上三部分，加上一些插孔及调整旋钮等组成的。

14.3.2　500 型万用表的使用方法

使用万用表时，必须注意以下几点：

（1）接线要正确万用表面板上的插孔（或接线柱）都有极性标记，用来测直流时，要注意正负极性；在用万用表的欧姆挡去判别二极管的极性时，应记住其"＋"插孔是接自内附电池的负极。测电流时，仪表应和电路串联，测电压时，仪表则应和电路并联。

（2）测量挡位要正确。测量挡位包括测量对象的选择及量程的选择，测量前应根据测量的对象及其大小的粗略估计，选择相应的挡位。500 型万用表的各测量挡位标示在其面板上，并用一个转换开关进行切换。有的万用表采用两个转换开关，一个用来切换测量对象，一个用来切换量程。由于万用表的测量对象多、量程多，所以在使用时一定要注意调准测量挡位，否则可能使仪表受到严重损伤。例如，在测量电压时，如果测量挡位放在欧姆挡或电流挡，以及在测高压和大电流时甩低量程挡，都可能使万用表烧毁损坏。另外，为了使测量结果更加准确，量程的选择应使读数在标尺的一定刻度范围之内。例如，在测电流和电压时，应使指针的偏转在满偏转的 1/2 以上，在测量电阻时，应使被测电阻尽量接近标尺的中心等。这样，测量的结果就会比较准确。

此外，在用欧姆挡测试晶体管参数时，通常应选 "R×100" 或 "R×1k" 挡。否则，将因测试电流过大（用 "R×1" 挡时），或电压太高（用 "R×10k" 挡时）而可能使被试晶体管损坏。

万用表在使用完毕后，应把转换开关旋至交流电压的最高挡，这样，可以防止在下次测量时由于粗心而发生事故。

（3）使用之前要调零 为了得到准确的测量结果，在使用万用电表之前应注意其指针是否指在零位上，如不指零，应调整表盖上的机械零位调节器，使之指零。在测量电阻之前，还要进行欧姆调零，并应注意欧姆调零的时间要短，以减小电池的消耗。如果用调零旋钮已无法使指针达到欧姆零位，则说明电池的电压已经太低，不能再用了。这时应打开万用表，更换新的电池。

（4）严禁在被测电阻带电的情况下进行电阻的测量，否则，由于被测电阻上电压的串入，不仅会严重歪曲测量结果，甚至可能烧毁表头。

此外，电流和电压量程的切换，也不要在带电的情况下进行，以免使转换开关烧伤损坏。

14.4 项目内容及步骤

14.4.1 电阻的测定

（1）计算图 14-2 AB 间的电阻。图中：$R_1 = 300\Omega$，$R_2 = 200\Omega$，

$R_3 = 100\Omega$。

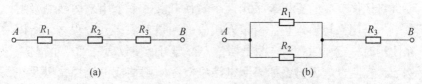

图 14 – 2　电阻接线图

（a）R_1、R_2 串联；（b）R_1、R_2 并联

（2）按图 14 – 2 接线，将 500 型万用表测量功能切换至欧姆挡，合理选择倍率挡位并调零，测量 AB 间的电阻，做好记录。

14.4.2　直流电压的测定

按图 14 – 3 接线，将 500 型万用表测量功能切换至电压并将量程挡选择最大，调节直流可调电压源至表 14 – 1 的数值（以标准电压表为准），合理选择 500 型万用表量程挡测量电压。

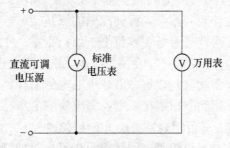

图 14 – 3　功率因数测定电路

表 14 – 1　实验数据

可调电压	U_1/V	U_2/V	U_2/V	U_2/V	U_2/V
标准电压表	1.5	3.5	7	12	17
万用表					

14.5　项目注意事项

每次改接线路和进行量程切换都必须先断开电源。

14.6　项目报告要求

（1）简述 500 型万用表的功能。

（2）根据 500 表测定的数据，与标准值比较，分析误差原因。

项目 15　电流表和电压表的量程扩大

15.1　项目目的

（1）加深对磁电系电流表和电压表扩大量程的认识。

（2）学习测量机构内阻。

（3）学会用比较法校验电压表和电流表。

15.2　项目仪器及器件

（1）500 型万用表；（2）标准直流电流表；（3）标准直流电压表；（4）可调直流电流；（5）可调电压源；（6）电阻箱；（7）电阻（10kΩ、20kΩ、100kΩ）。

15.3　项目内容及步骤

15.3.1　电流表内阻的测量方法

本实验测量电流表的内阻采用"分流法"。如图 15－1 所示，R_A 为 500 型万用表直流毫安电流挡位时的内阻，测量前先将 500 型万用表直流 1mA 挡位，电阻箱阻值置于 10Ω、断开开关 S，调节电流源的输出电流 I 使万用表表指针满偏转，然后合上开关 S，并保持 I 值不变，调节电阻箱的阻值 R，使电流表 A 的指针指在 1/2 满偏转位置，此时，电阻箱的阻值 R 便与仪表内阻 R_A 相等。记下电阻箱的电阻 R 并填入表 15－1 中。将 500 型万用表切换至直流 10mA 挡位，重复刚才的操作，记下电阻箱的电阻 R 并填入表 15－1 中。

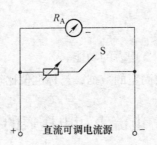

图 15 - 1　电流表内阻的测量电路

表 15 - 1　实验数据

500 型万用表量限挡位	R
1mA	
10mA	

15.3.2　电压表内阻的测量方法

本实验测量电流表的内阻采用"分压法"。如图 15 - 2 所示，R_V 为 500 型万用表直流电压挡位时的内阻，测量前先将 500 型万用表直流 2.5V 挡位，电阻箱阻值置于 10Ω、合上开关 S，调节电压源使万用表满偏，然后断开开关 S，并保持电压源值不变，调节电阻箱的阻值 R，使电的指针指在 1/2 满偏转位置，此时，电阻箱的阻值 R 与固定电阻 R_1 之和便与仪表内阻相等。记下电阻箱的电阻 R_1 并填入表 15 - 2 中。将 500 型万用表切换至直流 10V 挡位，重复刚才的操作，记下电阻箱的电阻 R 并填入表 15 - 2 中。

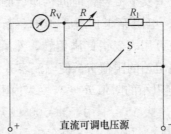

图 15 - 2　电压表内阻的测量电路

表 15 – 2　实验数据

500 型万用表量限挡位	R_0	R_1	R_V
2.5V			
10V			

15.3.3　电流表量程的扩大及验证

根据表 15 – 1 中 1mA 挡电流表的内阻，可计算出扩大至某一量程（学生可自选大小，建议为 20mA）需并联的分流电阻值 R_{f1}，然后按图 15 – 3 接线（图中 A 为标准电流表），完成表 15 – 3 内容。表中以扩大至 20mA 为依据制作，若选择其他量程，学生可自行设计表格。

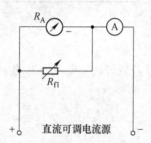

图 15 – 3　电流表量程的扩大电路

表 15 – 3　实验数据

电流源输出电流	2mA	6mA	10mA	14mA	18mA	20mA
扩展仪表电流值						

15.3.4　电压表量程的扩大及验证

根据表 15 – 2 中 2.5V 电压表的内阻，可计算出扩大至某一量程（学生可自选大小，建议为 5V）需并联的分流电阻值 R_{fy}，然后按图 15 – 4 接线（图中 V 为标准电压表），完成表 15 – 4 内容。表中以扩大至 5V 为依据制作，若选择其他量程，学生可自行设计表格。

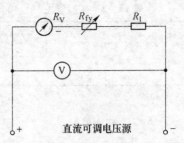

图 15 – 4　电压表量程的扩大电路

表 15 – 4　实验数据

电压源输出电压	1V	2V	3V	4V	5V
扩展仪表电流值					

15. 4　项目注意事项

每次改接线路和进行量程切换都必须先断开电源。

15. 5　项目报告要求

（1）简述电流表量程扩大的原理。
（2）简述电压表量程扩大的原理。

项目 16　三相功率的测量

16. 1　项目目的

（1）会用一瓦计、二瓦计和三瓦计测量三相电路的有功功率。
（2）学会根据不同电路选择有功功率的测量方法。

16. 2　项目仪器及器件

（1）三相负载 1 个；（2）交流电压表、电流表各 1 个；（3）单相功率表 2 个。

16.3 项目内容及步骤

16.3.1 实验原理

三相电路功率测量的方法主要有以下几种：

(1) 一瓦计法。用于对称三相四线制电路，电路总功率为一相功率的三倍。

(2) 二瓦计法。测量对称和不对称的三相三线制电路，电路总功率为两上功率表读数之代数和。

(3) 三瓦计法。用于不对称三相四线制电路，电路总功率为各相功率读数之和。

16.3.2 二瓦计法

二瓦计测量有功功率，一般接线原则为：两只功率表的电流线圈分别串联接入任意两相火线中，电流线圈的发电机端必须接在电源侧。两只功率表的电压线圈的发电机端必须各自接到电流线圈的发电机端，而这两只功率表的电压线圈的非发电机端则必须同时接入没接功率表电流线圈的第三根火线上。

16.3.3 步骤

(1) 测量三相四线制电路中负载的有功功率。按图 16 - 1 接线，将电流插头分别插入连接在三相电路中的电流插座内，读取电流、电压和功率数据，记入表 16 - 1 中。

表 16 - 1 实验数据

项 目	测 量 值			计算值 $P = P_1 + P_2 + P_3$
	P_1	P_2	P_3	
单位				
负载对称				
负载不对称				

(2) 测量三相三线制电路中负载的有功功率。按图 16 - 2 接线，

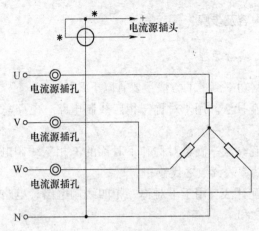

图 16 - 1　三相四线制有功功率的测量

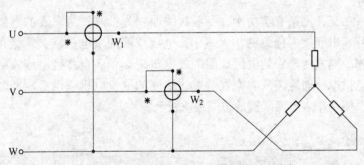

图 16 - 2　两表法测三相三线制负载有功功率

分别测量对称负载和不对称负载的两上功率表指示数。记入表 16 - 2 中。

表 16 - 2　实验数据

项　目	测　量　值		计算值 $P = P_1 + P_2$
	P_1	P_2	
单位			
负载对称			
负载不对称			

16.4　项目注意事项

（1）调节三相交流电源时必须用交流电压表检测。

（2）改变负载时一定在断电情况下操作。

（3）实验完毕后，应先将调压器回零，再断电。

16.5　项目报告要求

（1）简述功率表接线的原则。

（2）对于 $\cos\varphi < 0.5$ 的负载，如果两只表中必有一只表的读数为负值，应如何读数？

项目 17　单双臂电桥的使用

17.1　项目目的

（1）学会单臂电桥的使用方法。

（2）学会双臂电桥的使用方法。

17.2　项目仪器及器件

（1）QJ23 直流单臂电桥 1 个；（2）QJ103 型直流双臂电桥面板图 1 个；（3）电阻、导线若干。

17.3　项目内容及步骤

17.3.1　实验原理

（1）直流单臂电桥的工作原理。直流单臂电桥又称惠斯登电桥，原理电路如图 17-1 所示。电阻 R_X、R_2、R_3、R_4 接成四边形，在四边形的一条对角线 ab 上经按钮开关 B 接入直流电源 E，在另一条对角线 cd 上接入检流计 G 作为指零仪。接通按钮开关 B 后，调节标准电阻 R_2、R_3 和 R_4，使检流计的指示值为零，即电桥平衡，则被测电阻 R_X 的值可根据已知的标电阻 R_2、R_3 和 R_4 算出。

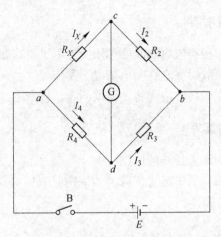

图 17 - 1　直流单臂电桥原理图

当电桥平衡时，$I_G = 0$，即检流计两端 c 和 d 点电位相等，因此有：

$$U_{ac} = U_{cd} \quad 即 \quad I_1 R_X = I_4 R_4$$
$$U_{cd} = U_{db} \quad 即 \quad I_2 R_2 = I_3 R_3$$

两式相比，并考虑到 $I_1 = I_2$、$I_3 = I_4$，

故得：

$$R_X = \frac{R_2}{R_3} \cdot R_4$$

电阻 R_2 和 R_3 的比值 $\dfrac{R_2}{R_3}$ 常配成固定的比例，称为电桥的比率臂，而电阻 R_4 称为比较臂。在测量时可根据对被测电阻的粗略估计选取一定的比率臂，然后调节比较臂使电桥平衡。则比较臂的数值乘上比率臂的倍数就是被测电阻的数值。

（2）直流双臂电桥的工作原理。直流双臂电桥的原理电路如图 17 - 2 所示。它与单臂电桥不同地方是被测电阻 R_X 和标准电阻 R_2 共同组成电桥的一个臂，标准电阻 R_n 和 R_1 组成了与其对应的另一个桥臂；同时，将 R_X 和 R_n 用一根电阻为 R 的粗线连接起来。为了消除接线电阻和接触电阻的影响，R_X 和 R_n 都有两对端钮，即电流钮 C_1、C_2 和 C_{n1}、C_{n2}，以及电位端钮 P_1、P_2 和 P_{n1}、P_{n2}，并且均用电

位端钮接入桥臂。桥臂电阻 R_1、R_1'、R_2 和 R_2' 均用电位端钮接入桥臂。桥臂电阻 R_1、R_1'、R_2 和 R_2' 都是大于 10Ω 的标准电阻，而且采用机械联动的调节装置使桥臂电阻在调节过程中，永远保持比值 $\dfrac{R_1'}{R_1}$ 和 $\dfrac{R_2'}{R_2}$ 相等。

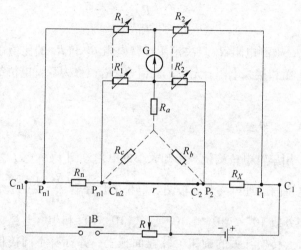

图 17-2　双臂电桥的原理电路图

双臂电桥的平衡条件可以从单臂导出，为此，把 R_1'、R_2' 和 r 组成的电阻三角形，用星形连接的电阻 R_a、R_b、R_c 等值替换，如图 17-2 虚线所示。电阻 R_b 和 R_c 计算式为：

$$R_b = \frac{rR_2'}{r + R_1' + R_2'}$$

$$R_c = \frac{rR_1'}{r + R_1' + R_2'}$$

电路经变换后，实际上就是一个单臂电桥的电路，由 R_1、R_2、$(R_n + R_c)$ 和 $(R_X + R_b)$ 构成了它的四个桥臂。在电桥平衡时，由单臂电桥平衡式的推导得：

$$R_X + R_b = \frac{R_2}{R_1}(R_n + R_c)$$

将 R_b、R_c 的值代入并整理后得：

$$R_X = \frac{R_2}{R_1}R_n + \frac{\tau R_2}{r + R_1' + R_2'}\left(\frac{R_1'}{R_1} - \frac{R_2'}{R_2}\right)$$

等式右侧的第二项称为矫正项，前已述及$\frac{R_1'}{R_1}$和$\frac{R_2'}{R_2}$是相等的，因此较正项等于零，所以有：

$$R_X = \frac{R_2}{R_1}R_n$$

可见，被测电阻R_X只决定于桥臂电阻R_2和R_1的比值以及标准电阻R_n，而和接线电阻r无关，比值R_2/R_1，称为双臂电桥的比率或倍率。

17.3.2　步骤

（1）用单臂电桥测量一未知大小的电阻。图 17 – 3 为 QJ23 型直流单臂电桥的原理电路及面板图。电桥的比率臂$\frac{R_2}{R_3}$共有七个固定的比例，即分成 10^{-3}、10^{-2}、10^{-1}、1、10、10^2 和 10^3 七挡，由转换开关换接。转换开关的旋钮 1 装在面板上，并标有不同挡位的比率臂（倍率）值，以便于操作和读数。比较臂（R_4）由四组可调电阻串联而成，每组又由九个相同的电阻组成，分别构成了个位、十位、百位和千位欧姆可调电阻。比较臂的电阻值可由转换开关选择，其旋钮都装在面板，并有欧姆值的标记，构成了比较臂电阻的四位读数盘。调节比较臂旋钮的位置，可以得到 0 ~ 9999Ω 范围内的任意电阻值（但最小的调节范围不小于 1Ω）。电桥平衡时，被测电阻R_X = 倍率×比较臂的读数（欧），即可求得。

为了保护检流计，在检流计上装有锁扣，以便在电桥使用完毕后将其可动部分锁住。此外，在检流计回路中还装有按钮开关 G。检流计按钮 G 和电源按钮 B 均装在面板上，以便于操作。被测电阻R_X作为一个桥臂并由面板上标示"R_X"的两个端钮接入。此外，面板上还备有外附检流计和外附电源的接线端钮。使用外附检流计时，应用连接片将内附检流计短接。

QJ23 型电桥的测量范围为 1 ~ 9999000Ω，准确度为 0.2 级，即

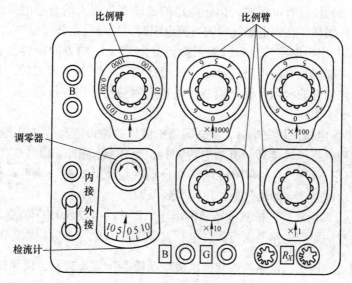

图 17 - 3　QJ23 直流单臂电桥

电桥在其 $100 \sim 99990\Omega$ 的基本量程内，误差不超过 $\pm 0.2\%$。

QJ23 型电桥的使用步骤如下：

1）在使用前，先把检流计的锁扣打开，并调节调零器把指针调到零位。

2）接入被测电阻时，应选择较粗较短的连接导线，并将接头拧紧。接头接触不良，将使电桥的平衡不稳定，甚至可能损坏检流计，所以需要特别注意。

3）估计被测电阻的大致数值，以便选择合适的比率臂。如果事先对被测电阻的数值心中无数，则在测试中可能使电桥极不平衡而损坏检流计。比率臂的选择，应使比较臂的四个挡都能用上，以便使电桥易于调到平衡，并可保证测量结果的有效数字。例如，被测电阻为几欧时，应选 10^{-3} 的比率臂，这时，如比较臂的读数为 6629，则被测电阻 $R_X = 10^{-3} \times 6629\Omega$。同理，被测电阻为几十欧时，比率臂应选 10^{-2} 挡，依此类推。

4）进行测量时，应先接通电源按钮，然后接通检流计按钮。测量结束后，应先断开检流计按钮，再断开电源按钮。这是为了防止当被测元件具有电感时，由于电路的通断产生很大的自感电势而使检流计损坏。在测电感线圈的直流电阻时，这一点尤其需要注意。

5）电桥电路接通后，如果检流计向"＋"的方向偏转，表示需要增加比较臂的电阻；反之，如指针向"－"的方向偏转，则应减小比较臂的电阻，反复调节比较臂电阻使指针向零位趋近，直至电桥平衡为止。

6）电桥使用完毕后，应立即将检流计的锁扣锁上，以防止在搬动过程中将悬丝震坏。有的电桥中检流计不装锁扣，这时，应将按钮"G"断开，它的常闭接点就会自动将检流计短路，使可动部分在摆动时受到强烈的阻尼作用而得到保护。

（2）用双臂电桥测量导线的电阻。图 17 - 4 为 QJ103 型直流双臂电桥的原理电路及面板图。电桥共设 100、10、1、0.1 和 0.01 五个固定的倍率，倍率的改变借机械联动转换开关 K 进行，以保持 $\dfrac{R'_1}{R_1}$ 和 $\dfrac{R'_2}{R_2}$ 相等。转换开关的旋钮 1 装在面板上并标明了不同挡位的倍率。标准电阻 R_n 的数值，可在 0.01 ~ 0.11Ω 的范围内连续调节，其调节旋钮和刻度盘一起，装在面板上，以便于取得读数。当电桥平衡时，根据式 $R_X = \dfrac{R_2}{R_1} R_n$，将所用比率乘以标准电阻的读数，就可求得被测电阻的大小。

此外，在面板上还装有被测电阻的电流和电位端钮 C_1、C_2、P_1 和 P_2，按钮开关 B 和 G，以及外接电源接线柱等。

QJ103 型直流双臂电桥在其基本量程 0.0011 ~ 11Ω 的范围内，测量误差为 ±2%。

直流双臂电桥的使用方法和注意事项，和单臂电桥基本相同，但还要注意以下几点：

1）被测电阻的电流端钮和电位端钮应和双臂电桥的对应端钮正确连接。当被测电阻没有专门的电位端钮和电流端钮时，也要设法引出四根线和双臂电桥相连接，并用靠近被测电阻的一对导线接到电桥的电位端钮上。连接导线应尽量用短线和粗线，接头要接牢。

2）由于双臂电桥的工作电流较大，所以测量要迅速，以避免电

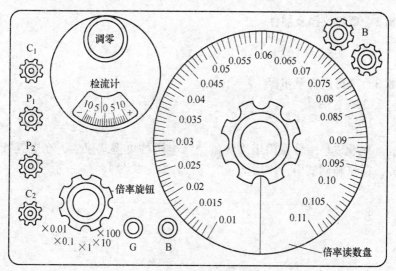

图 17 - 4　QJ103 型直流双臂电桥面板图

池的无谓消耗。

为了扩大使用范围，有些直流电桥还做成单双臂两用的，例如 QJ19 型、QJ36 型等。QJ36 型直流电桥用作双臂电桥时可测 $10^{-6}\sim10^{-2}\Omega$ 的电阻，换接成单臂电桥后，可测欧的 $10^{2}\sim10^{6}$ 电阻，在其基本量程 $10^{-3}\sim10^{5}\Omega$ 的范围内，测量误差为 $\pm0.02\%$。

17.4　项目注意事项

（1）电桥使用完毕后，应立即将检流计的锁扣锁上。

（2）双臂电桥测量要迅速。

17.5　项目报告要求

简述单、双臂电桥的使用步骤。

项目 18　兆欧表的使用

18.1　项目目的

学会兆欧表的使用方法。

18.2　项目仪器及器件

（1）兆欧表 1 个；（2）电机 1 台；（3）导线若干。

18.3　项目内容及步骤

18.3.1　项目原理

兆欧表是一种专门用来测量绝缘电阻的可携式仪表，在电气安装，检修和调试中，应用十分广泛，其原理如图 18-1 所示。

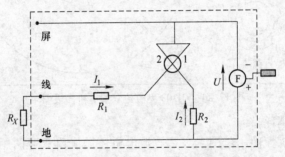

图 18-1　兆欧表原理图

兆欧表由磁电系比率表，手摇发电机和测量线路所组成。动圈 1 和电阻 R_1、被测电阻 R_X 串联，动圈 2 和电阻 R_2 串联，然后互相并联起来接到手摇发电机 F 的电压上。两个动圈的电流分别是：

$$I_1 = \frac{U}{r_1 + R_1 + R_X} ; I_2 = \frac{U}{r_2 + R_2}$$

式中，r_1 和 r_2 分别是动圈 1 和动圈 2 的电阻。

由于磁电系比率表的偏转角度只决定于两个动圈电流的比值，兆欧表平衡时的偏转角是：

$$\alpha = F\left(\frac{I_1}{I_2}\right) = F\left(\frac{r_2 + R_2}{r_1 + R_1 + R_X}\right)$$

式中，电阻 R_1、R_2、r_1、r_2 都是常数，所以可动部分的偏转角 α 只随被测电阻 R_X 而变。

18.3.2　项目步骤

（1）兆欧表的选择。兆欧表的额定电压应根据被测电气设备的额定电压来选择。一般说来，额定电压为 500V 以下的设备，选用500V 或 1000V 的兆欧表。兆欧表的电压过高，可能在测试中损坏设备的绝缘。额定电压在 500V 以上的设备，则用 1000V 或 2000V 的兆欧表。此外，在选择兆欧表时，还应注意它的测量范围和被测绝缘电阻的数值要相适应，以免引起过大的读数误差。

（2）使用前的检查。使用前检查兆欧表是否完好。为此，先将兆欧表的端钮开路，摇动手柄到发电机的额定转速，观察指针是否指"∞"，然后将"地"和"线"端钮短接，摇动手柄，观察指针是否指"0"。如果指针指示不对，则需调整后再使用。

（3）注意安全。为了保证安全，不可在设备带电的情况下测量其绝缘电阻，对具有电容的高压设备在停电后，还必须进行充分的放电，然后才可测量。用兆欧表测量过的设备，也要及时加以放电。

（4）接线的方法一般测量时，将被测电阻接在端钮"线"（L）和"地"（E）之间即可。端钮"屏"（G）是用来屏蔽表面电流的。例如，在测量电缆的绝缘电阻时，要测量的是电缆线芯和外皮之间绝缘电阻，即电缆内体积电流途径的电阻。但是，由于绝缘材料表面漏电流的存在，会使测量结果不准确。特别是在绝缘表面不干净以及湿度很大的场合，可能使测量结果受到严重地歪曲。为了排除表面电流的影响，在绝缘表面加一个金属的保护环，然后用导线将保护环和兆欧表的端钮"屏"相连。这样表面电流将不再通过兆欧表的测量机构，而直接和发电机构成回路，从而消除了它的影响。此外，兆欧表的"线"和"地"端钮都要通过绝缘良好的单独导线和被测设备相连。如果导线的绝缘不好，或者用双股线来连接时，都会影响测量的结果。

（5）手摇发电机的操作在测量开始时，手柄的摇动应该慢些，以防止在被测绝缘损坏或有短路现象时，损坏兆欧表。在测量时，手柄的转速应尽量接近发电机的额定转速（约 120r/min）。如果转速太慢，则发电机的电压过低，兆欧表的转矩很小。这时，由于动圈导丝或多或少存在的残余力矩和可动部分的摩擦，将给测量结果带来额外的误差。

18.4　项目注意事项

（1）兆欧表的额定电压应根据被测电气设备的额定电压来选择。

（2）不可在设备带电的情况下测量其绝缘电阻。

18.5　项目报告要求

简述兆欧表的使用步骤。

下　篇
电机拖动与继电器控制技术实验指导

项目 19　直流电机认识实验

19.1　项目目的

（1）学习电机实验的基本要求与安全操作注意事项。

（2）认识在直流电机实验中所用的电机、仪表、变阻器等组件。

（3）学习他励电动机的接线、启动、改变电机转向以及调速的方法。

19.2　项目内容

（1）了解 MEL - 1 实验台中的直流稳压电源、校正过的直流电机、变阻器、多量程直流电压、电流表、直流电动机等的使用方法。

（2）直流他励电动机电枢串电阻启动。

（3）改变电枢电源电压、改变串入电枢回路电阻或改变串入励磁回路电阻时，观察电动机转速变化情况。

19.3　项目设备及元器件

（1）直流电动机 M03；（2）直流稳压电源；（3）直流电机励磁电源；（4）变阻器；（5）多量程直流电压、电流表。

19.4　项目原理

19.4.1　直流他励电动机的启动

电动机接到规定电源后，转速从 0 上升到稳态转速的过程称为启动过程。他励直流电动机启动时，必须先保证有磁场（即先通励磁电流），而后加电枢电压。合闸瞬间的启动电流很大，应尽可能地缩短启动时间，减少能量损耗以及减少生产中的损耗。

启动方法：

（1）直接启动。直接启动无需其他启动设备，操作简便，启动转矩大，只用于小容量电动机启动。

（2）电枢串电阻启动。电枢回路中串入变阻器，以限制启动电流。当转速逐渐上升时，可将启动电阻逐级切除。直到转速接近额定值，将启动电阻全部切除。

（3）降压启动。对于他励直流电动机，可以采用专门设备降低电枢回路的电压以减小启动电流。启动过程中，U 随 E_a 上升逐渐上升，直到 $U = U_N$。

直接启动起动转矩大，但启动电流也很大；电枢串电阻启动设备简单，投资小，但启动电阻上要消耗能量；电枢降压启动设备投资较大，但启动过程节能。

19.4.2　直流他励电动机的调速

（1）电枢回路串电阻调速。调节电枢回路电阻 R_1 的大小时，电动机机械特性的斜率会改变，与负载机械特性的交点也会改变，达到调速的目的。

（2）调压调速。降低电枢电压时，电动机机械特性平行下移。负载不变时，交点也下移，速度也随之改变。

（3）改变励磁电流调速。调节励磁电阻 R_f 减小励磁电流时，磁通 Φ 减少，电动机机械特性 N_0 点和斜率增大。负载不变时，交点也下移，速度也随之改变。

19.5　步骤

（1）由实验指导人员讲解电机实验的基本要求，安全操作和注意事项，介绍实验装置的使用方法。

（2）仪表和变阻器的选择。仪表的量程是根据电机的额定值和实验中可能达到的最大值来选择。

1）电压量程的选择：如测量电动机两端为 220V 的直流电压，选用直流电压表应为 300V 量程挡。

2）电流量程的选择：因为电动机的额定电流为 1.1A，测量电枢电流的电表 A_1 可选用直流电流表的 5A 量程挡；额定励磁电流小于 0.13A，电流表 A_2 选用 200mA 量程挡。

3）变阻器的选择：变阻器选用的原则是根据实验中所需的阻值和流过变阻器最大的电流来确定。

（3）直流他励电动机的启动。

实验线路如图 19－1 所示。图中 M 为直流他励电动机 M03，其额定功率 $P_N = 185W$，额定电压 $U_N = 220V$，额定电流 $I_N = 1.1A$，额定转速 $n_N = 1500r/min$，额定励磁电流 $I < 0.13A$。G 为校正过的直流电机，TG 为测速发电机。直流电压电流表选用 MEL－06 或主控屏右侧的直流表，R_1 选用 MEL－09 挂箱上电阻值为 100Ω、电流为 1.22A 的变阻器，作为直流他励电动机的启动电阻。R_f 选用 MEL－09 挂箱上阻值为 3000Ω、电流为 200mA 的变阻器，作为直流他励电动机励磁回路串接的电阻。接好线后，检查 M、G 及 TG 之间是否用联轴器直接连接好，电枢电流的电压应调节到约 220V。

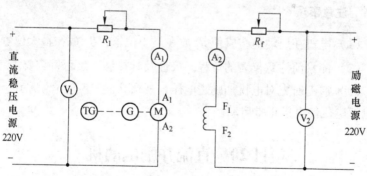

图 19－1　直流他励电动机接线图

（4）他励电动机启动步骤：

1）接好线后检查接线是否正确，电表的极性、量程选择是否正确，励磁回路接线是否牢靠。然后，将启动电阻 R_1 调到阻值最大位置，磁场调节电阻 R_f 调到最小位置，做好启动准备。

2）将调压器调至零位，打开钥匙开关，主电源面板红色指示灯亮，再按下绿色按钮，红灯熄，绿灯亮。

3）打开下组件励磁电源开关，观察 M 励磁电流值，后将直流电枢电源调到中间，约 180V 左右。一定要有励磁电流后再打开220V 直流稳压电源，按下复位按钮，即对 M 加电枢电压，使电机启动，电压表和电流表均应有读数。

4）电机启动后观察转速表指针偏转方向，若不正确，可拨动转速正、反向开关来纠正。

5）先减小启动电阻 R_1，直至短接，后调节电枢电源调压旋钮，使电动机端电压最大加到 220V，但转速不能超过 1500r/min。若当电动机端电压最大以加到 220V，转速仍未达到 1500r/min，可增大 R_f 使转速达到 1500r/min。

（5）调节他励电动机的转速。分别改变电枢电压、串入电枢回路的调节电阻和励磁回路的调节电阻，观察转速变化情况。

（6）改变电动机的转向。切断电源，将电枢两端或励磁绕组两端接线对调后，启动电机，观察电动机转向及转速表指针偏转方向。

19.6　注意事项

（1）电机在启动前，应使 R_f 放在最小位置，R_1 放在最大位置。

（2）测量前注意仪表的量程、极性及其接法，是否符合要求。

（3）启动时先对电机加励磁电压，观察 A_2 表应有电流指示，再加电枢电压使电机正常启动。

项目 20　直流并励电动机

20.1　项目目的

（1）掌握用实验方法测取直流并励电动机的工作特性和机械特性。

（2）掌握直流并励电动机的调速方法。

20.2　项目内容

（1）工作特性和机械特性：

保持 $U = U_N$ 和 $I_f = I_{fN}$ 不变，测取 n、T_2、$n = f(I_a)$ 及 $n = f(T_2)$。

（2）调速特性：

1）改变电枢电压调速，保持 $U = U_N$、$I_f = I_{fN} = $ 常数，$T_2 = $ 常数，测取 $n = f(U_a)$。

2）改变励磁电流调速：保持 $U = U_N$，$T_2 = $ 常数，$R_1 = 0$，测取 $n = f(I_f)$。

20.3　项目设备及元器件

（1）直流电动机 M03；（2）直流稳压电源；（3）直流电机励磁电源；（4）变阻器；（5）多量程直流电压表、电流表。

20.4　项目原理

（1）直流电动机的工作特性和机械特性。

1）直流电动机的工作特性是指在外加电压为常数时，电枢电路不串入附加电阻，励磁电流保持不变的条件下，电动机的转速 n、励磁转矩 M 和效率 η 等与输出功率 P_2 之间的关系曲线。但测量 I_S 比测量 P_2 容易。而在忽略损耗时，I_S 与 P_2 成正比关系，故把 n、M 和 $\eta = f(I_S)$ 关系曲线称为工作特性：$n = \dfrac{U}{C_e\phi} - \dfrac{R_S}{C_e\phi}I_S$，$M_{fZ} = 9.55\dfrac{P_2}{n}$，

实际 $M = M_{fZ} + M_0$，$\eta = \dfrac{P_2}{P_2 + P_0 + I_S^2 R_S}$。

2）直流电动机的机械特性是指：$n = f(T_2)$ 关系曲线。

（2）直流电动机的调速原理可从以下公式理解：

$$U = E_S + I_S R_S = C_e n\phi + I_S R_S,\quad n = \frac{U}{C_e\phi} - \frac{R_S}{C_e\phi}I_S$$

式中，U 为电枢电压；E_S 为电枢电势；I_S 为电枢电流；R_S 为电枢电阻；C_e 为电势系数；ϕ 为磁通。

20.5　步骤

（1）并励电动机的工作特性和机械特性实验线路如图 20 - 1 所示。

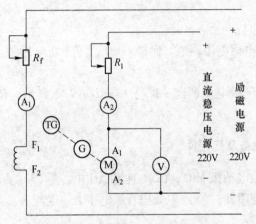

图 20 - 1　直流并励电动机接线图

1）接好线后检查接线是否正确，电表的极性、量程选择是否对，励磁回路接线是否牢靠。然后，将启动电阻 R_1 调到阻值最大位置，磁场调节电阻 R_f 调到最小位置，做好启动准备。

2）将调压器调至零位，打开钥匙开关，主电源面板红色指示灯亮，再按下绿色按钮，红灯熄，绿灯亮。

3）测功机调零、首先将测功机面板电源打开，粗调旋钮逆时针调到零，然后调节细调旋钮，使显示数据为零，在以后的实验过程中不能再动微调旋钮，要加载通过粗调旋钮增加，顺时针方向调是加载。

4）打开下组件励磁电源开关，观察 M 励磁电流值，有电流之后再打开 220V 直流稳压电源，按下复位按钮，即对 M 加电枢电压，使电机启动，电压表和电流表均应有读数。

5）电机启动后观察转速表指针偏转方向，若不正确，可拨动转速正、反向开关来纠正。调节电枢电源调压旋钮，使电枢电压升高同时电机的转速升高，但不超过额定值，当转速已达额定而电压未达额定值时，增加负载使转速下降，再次升高电枢电压，转速又升高，再次增加负载使转速下降，如此反复直到电枢电压达到额定值，转速也达额定值，但所加负载不能超过 $1.8N \cdot m$。若电枢电压达到已超过的额定值而转速未达到时，可调节 R_f，使用转速也达额定值。即 U、n、I、T 同时达额定值。在保持 $U = U_N$，$I_f = I_{fN}$ 不变的条件下，逐次减小电动机的负载。测取电动机电枢电流 I_a，转速 n 和校正电机的负载电流 I_F（可查对应转矩 T_2），共取 $6 \sim 7$ 组数据，记录于表 20 – 1 中。

表 20 – 1　实验记录

$(U = U_N = \underline{\quad} V, \ I_f = I_{fN} = \underline{\quad} A, \ R_a = \underline{\quad} \Omega)$

实验数据	I_a/A						
	$n/r \cdot min^{-1}$						
	I_F/A						
	$T_2/N \cdot m$						
计算数据	I_a/A						
	P_2/W						
	$\eta/\%$						

表中，R_a 对应于环境温度为 0℃ 时电动机电枢回路的总电阻，可由实验室给出。

(2) 调速特性。

1) 改变电枢端电压的调速。直流电动机启动后，将电阻 R_1 调至零，同时调节负载、电枢电压及电阻 R_f，使 $U = U_N$，$I = 0.5I_N$，$I_f = I_{fN}$，保持此时的 T_2 值和 $I_f = I_{fN}$，逐次增加 R_1 的阻值，即降低电枢两端的电压 U_a，R_1 从零调至最大值，每次测取电动机的端电压 U_a，转速 n 和电枢电流 I_a，共取 $5 \sim 6$ 组数据，记录于表 20 – 2 中。

表 20 – 2　实验数据

$(I_f = I_{fN} = \underline{\quad} A, \ T_2 = \underline{\quad} N \cdot m)$

U_a/V						
$n/r \cdot min^{-1}$						
I_a/A						

2）改变励磁电流的调速。直流电动机启动后，将电阻 R_1 和电阻 R_f 调至零，同时调节电枢电压调压旋钮和校正电机的负载，使电动机 $U = U_N$，$I = 0.5 I_N$，$I_f = I_{fN}$ 保持此时的 T_2 值和 $U = U_N$ 的值，逐次增加磁场电阻 R_f 阻值，直至 $n = 1.2 n_N$，每次测取电动机的 n、I_f 和 I_a，共取 5~6 组数据，记录于表 20 - 3 中。

表 20 - 3 实验数据

$(U = U_N = \underline{\quad}$ V，$T_2 = \underline{\quad}$ N·m$)$

$n/\mathrm{r \cdot min^{-1}}$						
I_f/A						
I_a/A						

20.6 注意事项

（1）电机在启动前，应使 R_f 放在最小位置，R_1 放在最大位置。

（2）测量前注意仪表的量程、极性及其接法，是否符合要求。

（3）启动时先对电机加励磁电压，观察电流表 A_2，该表应有电流指示，再加电枢电压使电机正常启动。

项目 21 直流电动机的制动

21.1 项目目的

（1）了解直流电动机的制动原理。

（2）掌握直流电动机能耗制动的实现。

（3）掌握直流电动机反接制动的实现。

21.2 项目内容

（1）观察直流电动机的能耗制动过程。

（2）观察直流电动机的反接制动过程。

21.3 设备及元器件

（1）直流电动机 M03；（2）直流稳压电源；（3）直流电机励磁

电源；（4）变阻器；（5）励磁电阻；（6）电枢电阻；（7）多量程直流电压表、电流表；（8）三刀双掷开关。

21.4　项目原理

直流电动机的制动是使电机转子产生一个与旋转方向相反的转矩，使电动机尽快停转，或由高速很快进入低速运行。常用的制动方法有三种：能耗制动、回馈制动和反接制动。

（1）能耗制动。要使一台在运行中的直流电动机急速停转，仅切断电流是不够的，如果将电动机的电枢回路从电源断开后，立即接到一个制动电阻上，电机的励磁电流保持不变，此时电动机依据转子动能继续旋转，电机变成他励发电机运行，将贮藏在转动部分的动能变为电能，在电阻负载中消耗掉，此时电枢电流所产生的电磁转矩的方向与转子的旋转方向相反，产生制动作用，使转速迅速下降，直至停转。这种制动方法称为能耗制动。

（2）回馈制动。为了限制电机转速的过高，如电车下坡时，重力加速度时车速增高，需要限速制动。此时将电车的牵引电机从串励改为他励，电枢仍然接在电网上，励磁电流由其他电源供电，电动机的感应电动势随着转速增高而增大，当转速高于某一数值时，电枢的感应电动势 E_a 大于电压 U，$E_a > U$，则电机将进入发电机状态，它的电枢电流和电磁转矩的方向都将倒转，电磁转矩起制动作用，限制转速的进一步提高，电枢电流方向倒转，电功率回馈至电网，故称为回馈制动。回馈电网的电功率来源于电车下坡时所释放的位能。

（3）反接制动。如要使电动机迅速停转或限速反转，可采用反接制动。反接制动时，励磁回路的连接保持不变，磁通的方向没有变，用倒向开关使电枢电流的方向倒向了，电磁转矩的方向也随之反向。反接制动初瞬，电枢电流很大，因为此时外施电压和感应电动势同方向，随之产生的很大制动性质的电磁转矩使电动机迅速减速并停转，如果继续反接，电动机将反方向旋转。为了避免反接初瞬电流过大，在反接制动时的电枢回路中应接入适当的限流电阻，制动结束后切除。

21.5　步骤

21.5.1　能耗制动

（1）按图 21 – 1 接好线，S_2 闭合，S_3 合向左侧，把 R_1 调至最大，把 R_f 调至零，使 I_f 最大。

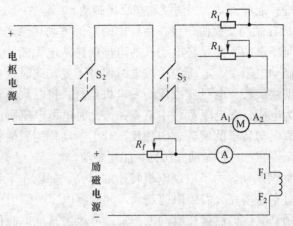

图 21 – 1　直流电机能耗制动接线图

（2）先接通励磁电源开关，再接通电枢电源开关，观察励磁电流，若有励磁电流，按下电枢电源的复位按钮，电动机启动。

（3）电动机运转正常后，断开 S_2，电动机处于自由停机，观察自由停机时间。

（4）闭合 S_2，重新启动电动机，待电机运转正常后，把 S_3 合向右侧，电动机处于能耗制动停机，观察能耗制动停机时间。

（5）比较两次停机时间长短。

21.5.2　反接制动

（1）按图 21 – 2 接好线，S_2 闭合，S_3 合向左侧，把 R_1 调至最大，把 R_f 调至零，使 I_f 最大。

（2）先接通励磁电源开关，再接通电枢电源开关，观察励磁电流表应有电流显示，按下电枢电源的复位按钮，电动机启动。

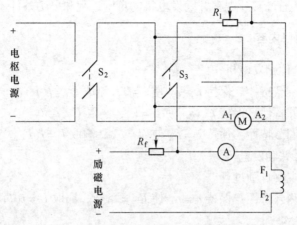

图 21 – 2　直流电机反接制动接线图

（3）电动机运转正常后，断开 S_2，电动机处于自由停机，观察自由停机时间。

（4）闭合 S_2，重新启动电动机，待电机运转正常后，把 S_3 合向右侧，电动机处于反接制动停机，观察反接制动停机时间。

（5）比较两次停机时间长短。

21.6　注意事项

（1）电机在启动前，应使 R_f 放在最小位置，R_1 放在最大位置。

（2）电机在启动前，应检查开关 S_2 和 S_3 的位置，S_2 应闭合，S_3 应向左侧闭合。

（3）测量前注意仪表的量程、极性及其接法，是否符合要求。

（4）启动时先对电机加励磁电压，观察励磁电流表，该表应有电流指示，再加电枢电压使电机正常启动。

项目 22　　直流发电机

22.1　项目目的

（1）掌握用实验方法测定直流发电机的运行特性。

（2）通过实验观察并励发电机的自励过程和自励条件。

22.2　项目内容

（1）他励发电机：

1）空载特性。保持 $n = n_N$ 使 $I = 0$，测取 $U_0 = f(I_f)$。

2）外特性：保持 $n = n_N$ 使 $I_f = I_{fN}$，测取 $U = f(I)$。

3）调节特性：保持 $n = n_N$ 使 $U = U_N$，测取 $I_f = f(I)$。

（2）并励发电机。

1）观察自励过程。

2）测外特性：保持 $n = n_N$ 使 $R_{f2} =$ 常数，测取 $U = f(I)$。

22.3　项目设备及元器件

（1）直流发电机 M01；（2）直流稳压电源；（3）直流电机励磁电源；（4）变阻器；（5）多量程直流电压表；（6）电流表。

22.4　项目原理

（1）直流发电机运行特性主要指空载特性和外特性。

空载特性指在 $n = n_e$、$I = 0$ 时（不带负载时）其端电压 U_0 与励磁电流 i_L 的关系曲线，即 $U_0 = f(i_L)$。外特性指在 $n = n_e$ 使 $I_f = I_{fn}$ 时，测取 $U = f(I)$ 关系曲线。

做空载试验时，由于磁滞回线是一个闭合的非线性的曲线，被磁化和退磁时不是一条线，因而只能单方向调节励磁。

（2）并励发电机的自励条件：

1）发电机的磁极必须有剩磁。

2）励磁电流产生磁通方向要与剩磁通的方向一致。

3）励磁回路总电阻小于临界电阻值。

22.5　步骤

22.5.1　他励发电机

按图 22-1 接线。图中 M 为 M03 直流电动机，G 为 M01 直流发电机，其额定值 $P_N = 100W$，$U_N = 200V$，$I_N = 0.5A$，$n_N = 1500r/min$。
M、G 及 TG 由联轴器直接连接，R_2 为发电机的负载电阻，选用 MEL
-03，采用串并联得 2250Ω，当负载电流大于 0.4A 时用并联部分，
而将串联部分调至最小。R_{f2} 选用 MEL-04，采用分压器接法，阻值
为 900Ω。开关 S_1、S_2 选用 MEL-05 挂件，直流电流电压表选用
MEL-06 及主控屏左侧直流表。接完后请老师检查无误后方可进行
下步。

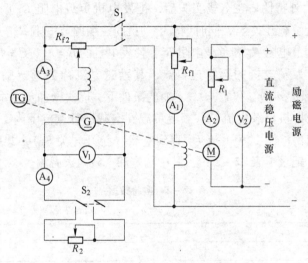

图 22-1　直流他励发电机接线图

（1）空载特性。打开 S_1、S_2 开关，把 R_{f2} 调至输出电压最小的
位置，选好电压电流表量程，启动直流电动机，从转速表端观察转
向，转向应符合逆时针方向旋转的要求。电动机输入电压为 180V 调
节电动机电枢串联电阻 R_1 至最值，看此时转速是否达到额定值，若
不够，调节电枢输入电压，使其转速升高，若电枢电压升到 220V
时，转速仍未达到额定值，调节电动机磁场调节电阻 R_{f1}，使发电机
转速达额定值，并在以后整个实验过程中始终保持此额定转速不变。
合上发电机励磁电源开关 S_1，调节发电机磁场电阻 R_{f2}，使发电机空
载电压达 $U_0 = 1.2U_N$ 为止。在保持 $n = n_N = 1500r/min$ 条件下，从
$U_0 = 1.2U_N$ 开始，单方向调节分压器电阻 R_{f2}，使发电机励磁电流逐

次减小，直至 $I_{f2} = 0$。每次测取发电机的空载电压 U_0 和励磁电流 I_{f2}，共取 7～8 组数据，记录于表 22 – 1 中。其中 $U_0 = U_N$ 和 $I_{f2} = 0$ 两点必须测取，并在 $U_0 = U_N$ 附近测点应较密。

表 22 – 1　实验数据　　　　　　$(n = n_N = 1500 \mathrm{r/min})$

U_0/V								
I_{f2}/A								

（2）外特性。在空载实验后，把发电机负载电阻 R_2 调到最大值，合上负载开关 S_2，同时调节电动机的磁场调节电阻 R_{f1}，发电机的磁场调节电阻 R_{f2} 和负载电阻 R_2，使发电机的 $n = n_N$、$U = U_N$、$I = I_N$，该点为发电机的额定运行点，其励磁电流称为额定励磁电流 I_{f2N}，在保持 $n = n_N$ 和 $I_{f2} = I_{f2N}$ 不变的条件下，逐次增加负载电阻 R_2，即减小发电机负载电流。从额定负载到空载运行点范围内，每次测取发电机的电压 U 和电流 I，直到空载（拉开开关 S_2），共取 6～7 组数据，记录于表 22 – 2 中。其中额定和空载两点必测。

表 22 – 2　实验数据

$(n = n_N = \underline{\quad} \mathrm{r/min}, \ I_{f2} = I_{f2N} = \underline{\quad} \mathrm{A})$

U/V							
I/A							

（3）调整特性。合上 S_1 开关，调节发电机的磁场调节电阻 R_{f2}，使发电机空载时达额定电压，在保持发电机 $n = n_N$ 条件下，合上负载开关 S_2，调节负载电阻 R_2，逐次增加发电机输出电流 I，同时相应调节发电机励磁电流 I_{f2}，使发电机端电压保持额定值 $U = U_N$，从发电机的空载至额定负载范围内每次测取发电机的输出电流 I 和励磁电流 I_{f2}，共取 5～6 组数据记录于表 22 – 3 中。

表 22 – 3　实验数据

$(n = n_N = \underline{\quad} \mathrm{r/min}, \ U = U_N = \underline{\quad} \mathrm{V})$

I/A						
I_{f2}/A						

22.5.2 并励发电机

（1）自励过程。接线如图 22 - 2 所示。R_{f2} 选用 MEL - 03（阻值为 3600Ω）并调至最大，打开开关 S_1、S_2，启动电动机后，调节电动机的转速，使发电机的转速 $n = n_N$，用直流电压表测量发电机是否有剩磁电压，若无剩磁电压，可将并励绕组改接他励法进行充磁。合上开关 S_1，逐渐减小 R_{f2} 观察发电机电枢两端的电压，若电压逐渐上升，说明满足自励条件，如果不能自励建压，将励磁回路的两个端头对调连接即可。对应着一定的励磁电阻，逐步降低发电机转速，使发电机电压随之下降，直至电压不能建立，此时的转速即为临界转速。

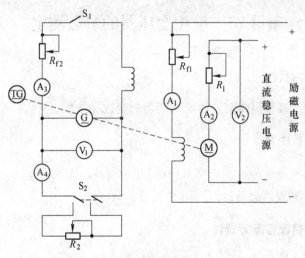

图 22 - 2 直流并励发电机接线图

（2）外特性。在并励发电机建压后，调节负载电阻 R_2 到最大，合上负载开关 S_2，调节电动机的磁场调节电阻 R_{f1}，发电机的磁场调节电阻 R_{f2} 和负载电阻 R_2，使发电机 $n = n_N$、$U = U_N$、$I = I_N$，保持此时 R_{f2} 的值和 $n = n_N$ 不变的条件下，逐步减小负载，直至 $I = 0$，从额定到空载运行范围内，每次测取发电机的电压 U 和电流 I，共取 6 ~ 7 组数据，记录于表 22 - 4 中，其中额定和空载两点必测。

表 22 – 4　实验数据

$(n = n_N = \underline{\quad} $ r/min, $R_{f2} = $ 常值 $)$

U/V							
I/A							

22.6　注意事项

（1）启动直流电动机，R_1 调到最大，R_{f2} 调到最小，启动完毕，R_1 调到最小。

（2）做外特性时，当电流超过 0.4A 时，R_2 中串联的电阻必须调至零，以免损坏。

项目 23　单相变压器的参数测定

23.1　项目目的

通过空载和短路实验测定变压器的变比和参数。

23.2　项目内容

（1）空载实验，测取空载特性 $U_0 = f(I_0)$，$P_0 = f(U_0)$。

（2）测取短路特性 $U_K = f(I_K)$，$P_K = f(I)$。

23.3　项目设备及元器件

（1）三相交流电源；（2）交流电压表；（3）交流电流表；（4）功率表；（5）MEL – 01 三组组式变压器。

23.4　项目原理

23.4.1　变压器的基本工作原理

变压器的主要部件是铁芯和套在铁芯上的两个绕组。两绕组只有磁耦合而没有直接电联系。在一次绕组中加上交变电压，产生交链一、二次绕组的交变磁通，在两绕组中分别感应电动势。

只要一、二次绕组的匝数不同，就能达到改变压的目的。理想变压器原副线圈的端电压之比等于这两个线圈的匝数之比，线圈的匝数之比称为变比，用 N 表示：

$$N = \frac{U_1}{U_2} = \frac{n_1}{n_2}$$

23.4.2　单相变压器的空载运行

变压器的空载电流和空载损耗测量习惯上称为空载试验，以下仍简称为空载试验。变压器的空载试验是从变压器的任意一侧绕组（一般为低压侧绕组）施加额定频率为近似正弦波形的额定电压，其他绕组全部开路，测量变压器的空载损耗和空载电流的试验。变压器空载试验的主要目的是：测量产品的空载损耗和空载电流，看其是否符合产品有关标准和技术条件要求；通过测量产品的空载损耗和空载电流发现铁芯磁路中的局部或整体缺陷；根据感应耐压试验和短路试验前后测量的空载损耗比较，判断绕组是否有匝间短路情况。

空载损耗主要是磁通在铁芯硅钢片中产生的磁滞损耗和涡流损耗。空载损耗还包括空载电流在励磁绕组上产生的电阻损耗和绝缘介质中产生的损耗。但是，由于后者远小于前者，所以，变压器的空载损耗实际上仅指前者，并习惯上称之为铁损。

空载电流是指在变压器铁芯中产生磁通和空载损耗所需的输入励磁绕组的电流。空载电流的无功部分产生磁通，有功部分则产生空载损耗。空载电流还包括各绕组、各部位对地及对相邻绕组、相邻线段、相邻线匝之间的电容电流。空载电流是滞后于施加电压近 90° 的感性电流，此电流是一个含有以 3、5、7 次谐波为主的高次谐波电流。这一畸变的高次谐波电流进入发电机绕组后，将使发电机的输出电压发生畸变（一般变为波顶因数高于的尖峰波），并由此导致空载电压也发生畸变。

（1）空载特性曲线绘制。空载特性曲线：

$$U_0 = f(I_0)$$
$$P_0 = f(U_0)$$

$$\cos\varphi_0 = f(U_0)$$

式中

$$\cos\varphi_0 = \frac{P_0}{U_0 I_0} \qquad (23-1)$$

（2）激磁参数计算。从空载特性曲线上查出对应于 $U_0 = U_N$ 时的 I_0 和 P_0 值，并由下式算出激磁参数。

$$Z_0 = \frac{U_1}{I_0} = Z_1 + Z_m \approx Z_m$$

$$r_0 = \frac{P_0}{I_0} \approx r_m$$

$$x_0 = \sqrt{z_0^2 - r_0^2} \approx x_m$$

$$k = \frac{U_1}{U_{20}}$$

23.4.3　单相变压器的短路运行

（1）绘出短路特性曲线 $U_K = f(I_K)$、$P_K = f(I_K)$、$\cos\varphi_K = f(I_K)$。

（2）计算短路参数。从短路特性曲线上查出对应于短路电流 $I_K = I_N$ 时的 U_K 和 P_K 值，由下式算出实验环境温度为 θ℃时的短路参数：

$$Z_K' = \frac{U_K}{I_K} \qquad (23-2)$$

$$r_K' = \frac{P_K}{I_K^2} \qquad (23-3)$$

$$X_K' = \sqrt{Z_K'^2 - r_K'^2} \qquad (23-4)$$

折算到低压方：

$$Z_K = \frac{Z_K'}{K^2} \qquad (23-5)$$

$$r_K = \frac{r_K'}{K^2} \qquad (23-6)$$

$$X_K = \frac{X_K'}{K^2} \qquad (23-7)$$

由于短路电阻 r_K 随温度变化，因此，算出的短路电阻应按国家标准换算到基准工作温度 75℃时的阻值。

$$r_{K75℃} = r_{K\theta} \frac{234.5 + 75}{234.5 + \theta} \qquad (23-8)$$

$$Z_{K75℃} = \sqrt{r_{K75℃}^2 + X_K^2} \qquad (23-9)$$

式中，234.5 为铜导线的常数，若用铝导线常数应改为228。

计算短路电压（阻抗电压）百分数：

$$U_K = \frac{I_N Z_{K75℃}}{U_N} \times 100\% \qquad (23-10)$$

$$U_{Kr} = \frac{I_N r_{K75℃}}{U_N} \times 100\% \qquad (23-11)$$

$$U_{KX} = \frac{I_N X_K}{U_N} \times 100\% \qquad (23-12)$$

$$r_m = \frac{P_0}{I_0^2} \qquad (23-13)$$

$$Z_m = \frac{U_0}{I_0} \qquad (23-14)$$

$$X_m = \sqrt{Z_m^2 - r_m^2} \qquad (23-15)$$

其中，$I_K = I_N$ 时短路损耗 $P_{KN} = I_{N2} r_{K75℃}$。

23.5　步骤

23.5.1　空载实验

实验线路如图 23-1 所示，被试变压器选用 MEL-01 三组组式变压器中的一只作为单相变压器，其额定容量 $P_N = 77W$，$U_{1N}/U_{2N} = 220/55V$，$I_{1N}/I_{2N} = 0.35/1.4A$。变压器的低压线圈 $2U_1$、$2U_2$ 接电源，高压线圈开路。选好所有电表量程，调压旋钮调到输出电压为零的位置，合上交流电源并调节调压旋钮，使变压器空载电压 $U_0 = 1.2U_N$，然后，逐次降低电源电压，在 $1.2 \sim 0.5U_N$ 的范围内，测取变压器的 U_0、I_0、P_0，共取 6~7 组数据，记录于表 23-1 中。其中 $U = U_N$ 的点必须测，并在该点附近测的点应密些。为了计算变压器的变比，在 U_N 以下测取原方电压的同时测出副方电压，取三组数据记录于表 23 –1 中。

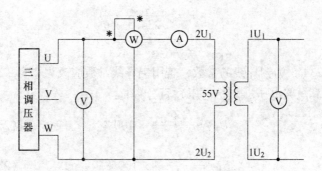

图 23 – 1 单相变压器空载实验电路图

表 23 – 1　单相变压器空载实验数据

序　号	实　验　数　据				计　算　数　据
	U_0/V	I_0/A	P_0/W	$U_{1U1.2U2}/V$	$\cos\varphi_0$

23.5.2　短路实验

实验线路如图 23 – 2 所示，变压器的高压线圈接电源，低压线圈直接短路。选好所有电表量程，接通电源前，先将交流调压旋钮调到输出电压为零的位置。接通交流电源，逐次增加输入电压，直到短路电流等于 $1.1I_N$ 为止，在 $0.5 \sim 1.1I_N$ 范围内测取变压器的 U_K、I_K、P_K，共取 $4 \sim 5$ 组数据记录于表 23 – 2 中，其中 $I = I_K$ 的点必测。并记下实验时周围环境温度。

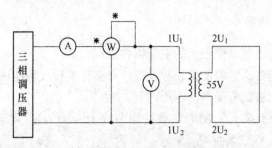

图 23 – 2　单相变压器短路实验电路图

表 23 – 2　单相变压器短路实验数据　　（室温 $\theta =$ ＿＿℃）

序号	实 验 数 据			计 算 数 据
	U/V	I/A	P/W	$\cos\varphi_K$

23.6　注意事项

（1）在变压器实验中，应注意电压表、电流表、功率表的合理布置。

（2）由于所有交流表量程是自动切换，所以在实验过程中不必考虑量程问题。

（3）调压器通电、断电前都必须处于输出电压为"0"的位置。

（4）短路实验操作要快，否则线圈发热会引起电阻变化。

项目 24　三相变压器的参数测定

24.1　项目目的

（1）熟练掌握测取变压器参数的实验和计算方法。

（2）巩固用瓦特表测量三相功率的方法。

24.2　项目内容

（1）记录被试变压器的主要铭牌数据。

（2）选择实验时的仪表和设备，并能正确接线和使用。

（3）测被试变压器的电压比。

（4）空载实验，测取空载特性曲线 $U_0 = f(I_0)$、$P_0 = f(U_0)$ 和 $\cos\varphi_0 = f(U_0)$ 三条曲线。

24.3　项目设备及元器件

（1）三相交流电源；（2）交流电压表；（3）交流电流表；（4）功率表；（5）三相芯式变压器 MEL–02。

24.4　项目原理

在电力系统中大量使用的是三相变压器，在研究联结组和电力系统问题中，关于三相变压器的电压比是指一次、二次侧线电压之比，用 K 表示电压比的大小；而分析电机原理（包含"电机学"）中的变压器通常用的是单相变压器，其一次、二次侧的电压之比，为一次、二次侧的相电压之比，也就是一、二次侧匝数之比，为了方便，将此时的匝数之比称为变比，用小写字母 k 表示其大小。K 和 k 含义不尽相同。

例如：对于Y/Y接法时的三相变压器

$$K = \frac{U_{AB}}{U_{ab}} = \frac{\sqrt{3}U_{AX}}{\sqrt{3}U_{ax}} = k \qquad （此时 K = k）$$

对于Y/△接法的三相变压器

$$K = \frac{U_{AB}}{U_{ab}} = \frac{\sqrt{3}U_{AX}}{U_{ax}} = \sqrt{3}\frac{U_{AX}}{U_{ax}} = \sqrt{3}k \qquad （此时 K \neq k）$$

变压器空载实验，可以测出变压器的空载电流和铁芯损耗，以及变压器的变比，再通过计算得到变压器励磁阻抗。空载时变压器的损耗主要由两部分组成，一部分是因为磁通交变而在铁芯中产生的铁耗 P_{Fe}，另一部分是空载电流 I_0 在原绕组中产生的铜耗 $I_0^2 R_1$。由于空载电流数值很小，此时铜耗 $I_0^2 R_1$ 便可以略去，而决定铁耗大小的电压可达到正常值，故近似认为空载损耗就是变压器的铁耗。空载实验为考虑安全起见，一般都在低压侧进行，若要得到折算到高压侧的值，还需乘以变比平方。

变压器负载损耗实验可以测出变压器阻抗电压 U_K、短路电流 I_K 和变压器铜损耗 P_K。再通过一些简单计算可求出变压器一次和二次侧绕组的电阻和漏电抗。负载损耗实验时的损耗也由两部分组成，一部分是短路电流在一次和二次侧绕组中产生的铜耗 $I_K^2(R_1 + R_2')$ = $I_K^2 R_K$，另一部分是磁通交变而产生的铁耗 P_{Fe}。由于短路实验所加电压很低，因此这时铁芯中磁通密度很低，故铁芯损耗可以略去，而决定铜耗大小的电流可达正常值，所以近似认为负载损耗就是变压器铜耗。

24.5　步骤

24.5.1　三相变压器的电压比和变比的测定

对于 Y/△ 接法的三相变压器具体操作步骤是：按图 24 - 1 接线，首先将调压器输出调零，调节外施电压到高压侧额定值，测出高、低压侧的各线电压。填入表 24 - 1 中。

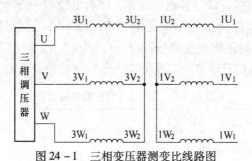

图 24 - 1　三相变压器测变比线路图

表 24 - 1　三相变压器变比实验数据

U/V		K_{UV}	U/V		K_{VW}	U/V		K_{WU}	K
$U_{1U1.1V1}$	$U_{3W1.3V1}$		$U_{1V1.1W1}$	$U_{3V1.3W1}$		$U_{1W1.1U1}$	$U_{3W1.3U1}$		

$$K = \frac{1}{3}(K_1 + K_2 + K_3)$$

24.5.2　空载实验

实验线路如图 24 - 2 所示，为安全起见，将低压侧经调压器和开关接至电源，高压侧开路。本实验要求电源频率应等于或接近被试变压器的额定频率，允许偏差规定不超过 ±1%，三相电压基本对称，且电压波形应是实际正弦波。

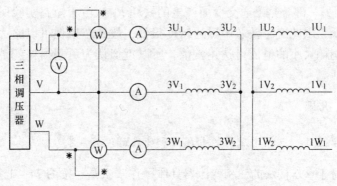

图 24 - 2　三相变压器空载实验线路图

接线无误后，调压器输出调零，闭合电源开关 S_1 和 S_2，调节调压器使输出电压为低压测额定电压 $U_N = 220V$，记录该组数据于表 24 - 2 中，然后逐次改变电压，在 $(1.2 \sim 0.5)U_N$ 的范围内测量三相空载电压、电流及功率，共测取 7 ~ 9 组数据，记录于表 24 - 2 中。

表 24 - 2　三相变压器空载实验数据

实验数据								计算数据			
U_0/V			I_0/A			P_0/W		U_0/V	I_0/A	P_0/W	$\cos\varphi_0$
$U_{3U1.3V1}$	$U_{3V1.3W1}$	$U_{3W1.3U1}$	I_{3U10}	I_{3V10}	I_{3W10}	P_{01}	P_{02}				

表中，U_0 为三相相电压平均值，I_0 为三相相电流平均值。

$$U_0 = \frac{U_{3U1.3V1} + U_{3V1.3W1} + U_{3W1.3U1}}{3}, I_0 = \frac{I_{3U1} + I_{3V1} + I_{3W1}}{3},$$

$$P_0 = P_{01} + P_{02}, \cos\varphi = \frac{P_0}{U_0 I_0}$$

24.5.3　短路实验

为安全和方便起见，一般将变压器低压侧用较粗导线短路，高压侧通以低电压。变压器在额定电流时的短路电压都很低，一般约为 $0.05U_N$。

按图 24 - 3 接线无误后，将调压器输出端可靠地调至零位。接通电源，逐渐增大电源电压，监视电流表指示，使电流达到高压侧额定值 $I_N = 2.28A$，记录该组数据于表 24 - 3 中。然后监视电流的变化，缓慢调节调压器输出电压，使短路电流在 $(1.1 \sim 0.5) I_A$ 的范围内，测量三相输入电流、三相功率和三相电压，共记录 5 ~ 7 组数据，填入表 24 - 3 中。

表 24 - 3　三相变压器短路实验数据

实验数据								计算数据			
U_K/V			I_K/A			P_K/W		U_K/V	I_K/A	P_K/W	$\cos\varphi_K$
$U_{1U1.1V1}$	$U_{1V1.1W1}$	$U_{1W1.1U1}$	I_{1U1}	I_{1V1}	I_{1W1}	P_{K1}	P_{K2}				

表中，U_K 为三相线电压平均值，I_K 为三相线电流平均值，$P_K = P_{K1} + P_{K2}$。

短路实验应尽快进行，以免绕组发热而引起电阻变化，从而给结果带来误差。短路实验后应记录被试变压器周围环境温度，作为绕组实际温度，以便将参数折合到 75℃。

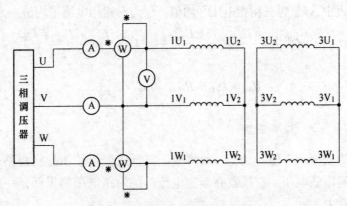

图 24 - 3　三相变压器短路实验线路图

24.6　注意事项

（1）在变压器实验中，应注意电压表、电流表、功率表的合理布置。

（2）由于所有交流表量程是自动切换，所以在实验过程中不必考虑量程问题。

（3）调压器通电、断电前都必须处于输出电压为"0"的位置。

（4）短路实验操作要快，否则线圈发热会引起电阻变化。

项目 25　单相变压器的运行特性

25.1　项目目的

通过负载实验测取变压器的运行特性。

25.2　项目内容

（1）纯电阻负载。保持 $U_1 = U_{1N}$，$\cos\varphi_2 = 1$ 的条件下，测取 $U_2 = f(I_2)$。

（2）阻感性负载。保持 $U_1 = U_{1N}$，$\cos\varphi_2 = 0.8$ 的条件下，测取 $U_2 = f(I_2)$。

25.3 项目设备及元器件

（1）三相交流电源；（2）交流电压表；（3）交流电流表；（4）功率表；（5）MEL-01 三组组式变压器；（6）可调电阻 MEL-04；（7）可调电阻 MEL-03；（8）可调电抗器 MEL-08。

25.4 项目原理

变压器的外特性是指当一次绕组为额定电压，负载功率因数一定时，二次绕组端电压 U_2 随二次绕组负载电流 I_2 变化的关系曲线。

变压器带阻性负载 $\varphi_2 = 0$ 和阻感性负载 $\varphi_2 > 0$，ΔU 为正值，这时二次端电压比空载时低；带阻容性负载 $\varphi_2 < 0$ 时，ΔU 可能为正，也可能为负。ΔU 为负值时说明电压比空载时高。

当电源电压和负载功率因数一定时，二次端电压随负载电流变化的规律，即 $U_2 = f(I_2)$，称为变压器的外特性。

25.5 步骤

实验线路如图 25-1 所示。变压器低压线圈接电源，高压线圈经过开关 S_1 和 S_2，接到负载电阻 R_L 和电抗 X_L 上。R_L 选用 MEL-03，X_L 选用 MEL-08，功率因数表选用主控屏左侧交流功率表 W_1、$\cos\varphi_1$。

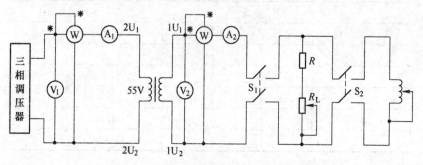

图 25-1 单相变压器运行特性实验电路图

（1）纯电阻负载。接通电源前，将交流电源调到输出电压为零的位置，负载电阻调到最大，然后接通交流电源，逐渐升高电源电压，使变压器输出电压 $U_1 = U_N$，在保持 $U_1 = U_N$ 的条件下，逐渐增加负载电流，即减小负载电阻 R_L 的阻值，从空载到额定负载的范围内，测取变压器的输出电压 U_2 和电流 I_2，共取 5 ~ 6 组数据，记录于表 25 – 1 中，其中 $I_2 = 0$ 和 $I_2 = I_{2N}$ 两点必测。

表 25 – 1　单相变压器运行特性实验数据

（$\cos\varphi_2 = 1$，$U_1 = U_N = $ ＿＿＿ V）

测　　　量						计算值	
U_1	U_2	I_1	I_2	P_1	P_2	$\cos\varphi_2$	η

（2）阻感性负载（$\cos\varphi_2 = 0.8$）用电抗器 X_L 和 R_L 并联作为变压器的负载，实验步骤同上，在保持 $U_1 = U_{1N}$ 及 $\cos\varphi = 0.8$ 条件下，逐渐增加负载电流，从空载到额定负载的范围内，测取变压器 U_2 和 I_2，共取 5 ~ 6 组数据记录于表 25 – 2 中，其中 $I_2 = 0$，$I_2 = I_{2N}$ 两点必测。

表 25 – 2　单相变压器运行特性实验数据

（$\cos\varphi_2 = 0.8$，$U_1 = U_N = $ ＿＿＿ V）

测　　　量						计算值	
U_1	U_2	I_1	I_2	P_1	P_2	$\cos\varphi_2$	η

25.6　注意事项

（1）在变压器实验中，应注意电压表、电流表、功率表的合理布置。

（2）由于所有交流表量程是自动切换，所以在实验过程中不必考虑量程问题。

（3）调压器通电、断电前都必须处于输出电压为"0"的位置。

项目 26　单相变压器的并联运行

26.1　项目目的

学习变压器投入并联运行的方法。研究阻抗电压对负载分配的影响。

26.2　项目内容

（1）将两台单相变压器投入并联运行。

（2）阻抗电压相等的两台单相变压器并联运行，研究其负载分配情况。

（3）阻抗电压不相等的两台单相变压器并联运行，研究其负载分配情况。

26.3　项目设备及元器件

（1）三相交流电源；（2）交流电压表；（3）交流电流表；（4）功率表；（5）MEL－01 三相组式变压器；（6）可调电阻 MEL－04；（7）三刀双掷开关 MEL－05。

26.4　项目原理

（1）理想并联运行的条件。变压器理想并联运行的条件是：

1）空载时并联的变压器之间没有环流；

2）负载时能够按照各台变压器的容量合理地分担负载；

3）负载时各变压器的电流应该同相位。

为达到理想的并联运行条件，并联运行的变压器应该达到以下要求：

1) 各变压器的额定电压与电压比相等；

2) 各变压器的联结组号相同；

3) 各变压器的短路阻抗标幺值相等，阻抗角相等。

以上要求中第2）个要求必须保证。

（2）一般情况下并联运行时变压器的负载分配。

1) 两台变压器的联结组号不同：会引起很大的环流，即使空载时也可能烧毁变压器。

2) 两台变压器联结组号相同，但变比不同：会引起一定的环流，空载时二次侧环流由以下公式计算

$$I_c = \frac{\dot{U}_1 \left(\dfrac{1}{k_1} - \dfrac{1}{k_2} \right)}{Z_{k1}^{''} + Z_{k2}^{''}}$$

3) 两台变压器联结组号和变比都相同，但短路阻抗的标幺值不同：变压器中没有环流，负载时各变压器的电流分配由以下公式计算

$$\frac{\dot{I}_{\mathrm{I}}}{\dot{I}_{\mathrm{II}}} = \frac{Z_{k2}}{Z_{k1}} \qquad \text{或} \qquad \frac{\dot{I}_{\mathrm{I}}^{*}}{\dot{I}_{\mathrm{II}}^{*}} = \frac{Z_{k2}^{*}}{Z_{k1}^{*}}$$

26.5　步骤

实验线路如图 26-1 所示。图中单相变压器 I 和 II 选用三相组式变压器中任意两台，变压器的高压绕组并联接电源，低压绕组经开关 S_1 并联后，再由开关 S_2 接负载电阻 R_L。由于负载电流较大，R_L 可采用并串联接法。为了人为地改变变压器 II 的阻抗电压，在其副边串入电阻 R。

（1）两台单相变压器空载投入并联运行步骤。

1) 检查变压器的变比和极性。接通电源前，将开关 S_1、S_3 打开，合上开关 S_2，接通电源后，调节变压器输入电压至额定值，测出两台变压器副边电压 $U_{2U1.2V2}$ 和 $U_{2V1.2V2}$。若 $U_{2U1.2V2} = U_{2V1.2V2}$，则两台变压器的变比相等，即 $K_{\mathrm{I}} = \mathrm{K}_{\mathrm{II}}$。测出两台变压器副边的 $2U_1$ 与 $2V_1$ 端点之间的电压 $U_{2U1.2V1}$，若 $U_{2U1.2V1} = U_{2U1.2U2} - U_{2V1.2V2}$，则首端 $1U_1$ 与 $1V_1$ 为同极性端，反之为异极性端。

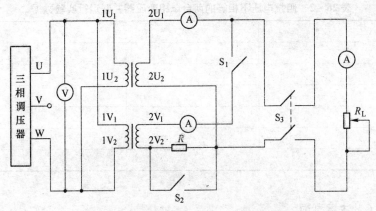

图26-1　单相变压器并联运行实验电路图

2）投入并联。检查两台变压器的变比相等和极性相同后，合上开关 S_1，即投入并联。若 K_I 与 K_{II} 不是严格相等，将会产生环流。

（2）阻抗电压相等的两台单相变压器并联运行。投入并联后，合上负载开关 S_3，在保持原方额定电压不变的情况下，逐次增加负载电流，直至其中一台变压器的输出电流达到额定电流为止，测取 I、I_I、I_{II}，共取 5～6 组数据记录于表 26-1 中。

表 26-1　阻抗电压相等的两台单相变压器并联运行实验数据

I_I/A	I_{II}/A	I/A

（3）阻抗电压不相等的两台单相变压器并联运行。打开短路开关 S_2，变压器 II 的副边串入电阻 R，R 数值可根据需要调节，重复前面实验测出 I、I_I、I_{II}，共取 5～6 组数据，记录于表 26-2 中。

表 26-2　阻抗电压不相等的两台单相变压器并联运行实验数据

I_I/A	I_{II}/A	I/A

26.6　注意事项

（1）调压器通电、断电前都必须处于输出电压为"0"的位置。

（2）变压器必须满足并联运行的条件后方可投入并联运行。

（3）通电前应将 R_L 置于阻值最大的位置。

项目 27　三相变压器的并联运行

27.1　项目目的

学习三相变压器投入并联运行的方法及阻抗电压对负载分配的影响。

27.2　项目内容

（1）将两台三相变压器空载投入并联运行。

（2）阻抗电压相等的两台三相变压器并联运行。

（3）阻抗电压不相等的两台三相变压器并联运行。

27.3　项目设备及元器件

（1）三相交流电源；（2）交流电压表；（3）交流电流表；（4）可调电抗器 MEL-08；（5）MEL-02 三相心式变压器；（6）可调电阻 MEL-04；（7）三刀双掷开关 MEL-05。

27.4　项目原理

在降压变电所及低压供电系统中，总负荷往往由两台或多台变压器并联供给，因为单台变压器有时不能满足容量要求，因此采取两台或多台变压器并联运行。

三相电力变压器并联运行必须满足以下条件：一、二次绕组电压相等，变比相同；连接的接线组别相同；短路电压相等。

上述三个条件中，变比和短路电压允许有微小的差别，但连接组别必须保证相同。如果连接组别不同的变压器的一次绕组接到同一电源上，其二次绕组的线电压相位不同，在变压器内部将会产生很大的环流，影响变压器的输出功率，甚至烧毁变压器。所以，连接组别不同的变压器是绝对不允许并列运行的。

变比相差较大的两台变压器并联运行时，两个变压器绕组之间也要产生不平衡电流，情况严重时将烧坏变压器。

短路电压相差较大的两台变压器并联运行时，因为负荷电流的分配与各变压器的短路阻抗成反比，即短路电压大的变压器输出电流小，短路电压小的变压器输出电流大。这样，当短路电压大的变压器满负荷时，短路电压小的变压器就要过负荷。反之，短路电压大的变压器就处于轻负荷状态，运行不经济。

所以规定，并联运行的变压器的短路电压相差，不能超过允许值。

27.5　步骤

实验线路如图 27 – 1 所示，图中变压器 I 和 II 选用两台三相心式变压器，其中低压线圈不用，变压器的铭牌接成 Y/Y 接法。将两台变压器的高压绕组并联接电源，中压绕组经开关 S_1 并联后，再由开关 S_2 接负载电阻 R_L。R_L 选用 MEL – 04。为了人为地改变变压器 II 的阻抗电压，在变压器 II 的副边串入电抗 X_L（或电阻 R）。X_L 选用 MEL – 08，要注意选用 R_L 和 X_L（或 R）的允许电流应大于实验时实际流过的电流。

（1）两台三相变压器空载投入并联运行的步骤。

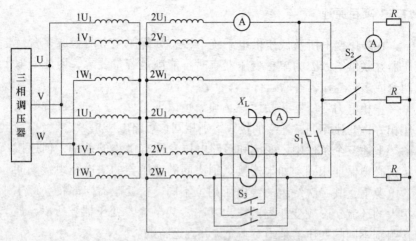

图 27 – 1　三相变压器并联运行接线图

1）检查变比和连接组。接通电源前，先打开 S_1、S_2，合上 S_3，然后接通电源，调节变压器输入电压至额定电压。测出变压器副边电压，若电压相等，则变比相同，测出副边对应相的两端点间的电压若电压均为零，则联接组相同。

2）投入并联运行。在满足变比相等和联接组相同的条件后，合上开关 S_1，即投入并联运行。

（2）阻抗电压相等的两台三相变压器并联运行。投入并联后，合上负载开关 S_2，在保持 $U_1 = U_{1N}$ 不变的条件下，逐次增加负载电流，直至其中一台输出电流达到额定值为止，测取 I、I_I、I_{II}，共取 5 ~ 6 组数据，记录于表 27 – 1 中。

表 27 – 1　阻抗电压相等的两台三相变压器并联运行实验数据

I_I/A	I_{II}/A	I/A

（3）阻抗电压不相等的两台三相变压器并联运行。打开短路开关 S_3，在变压器 I_{II} 的副边串入电抗 X（或电阻 R），X 的数值可根据需要调节。重复前面实验，测取 I、I_I、I_{II}，共取 5～6 组数据，记录于表 27-2 中。

表 27-2 阻抗电压不相等的两台三相变压器并联运行实验数据

I_I/A	I_{II}/A	I/A

27.6 注意事项

（1）调压器通电、断电前都必须处于输出电压为"0"的位置。

（2）变压器必须满足并联运行的条件后方可投入并联运行。

（3）通电前应将 R_L 置于阻值最大的位置。

项目 28 三相异步电机的启动与调速

28.1 项目目的

（1）通过本项目学会异步电动机的启动方法。

（2）通过本项目学会异步电动机的调速方法。

28.2 项目内容

（1）鼠笼式电机的直接启动。

（2）鼠笼式电机的星三角降压启动。

（3）绕线式电机的串电阻调速。

28.3　项目设备及元器件

（1）三相交流电源；（2）交流电压表；（3）交流电流表；（4）电机 M04 电机、M09；（5）调速电阻 MEL - 09；（6）三刀双掷开关 MEL - 05；（7）转速表 MEL - 13。

28.4　项目原理

电动机从静止状态一直加速到稳定转速的过程，称为启动过程。

（1）全压启动指在额定电压下，将电动机三相定子绕组直接接到额定电压的电网上来启动电动机，因此又称直接启动。这是一种最简单的启动方式。这种方法的优点是简单易行，但缺点是启动电流很大。启动转矩 T_s 不大。一般笼型感应电动机的最初启动电流为 $(4 \sim 7)I_N$，最初启动转矩为 $(1.5 \sim 2)I_N$。这样的启动性能是不理想的。过大的启动电流对电网电压的波动及电动机本身均会带来不利影响。因此，直接启动一般只在小容量电动机中使用。

（2）Y - △转换降压启动只适用于定子绕组在正常工作时是△形接法的电动机，Y/△降压启动时，启动电流和启动转矩都降为直接启动时的 1/3。

Y/△减压启动的优点是：设备简单，成本低，运行可靠，体积小，质量轻，且检修方便，可谓物美价廉，所以 Y 系列容量等级在 4kW 以上的小型三相笼型异步电动机都设计成△形连接，以便采用 Y/△启动。其缺点是：只适用于正常运行时定子绕组为△形连接的电动机，并且只有一种固定的降压比；启动转矩随电压的平方降低，只适合轻载启动。

（3）绕线转子异步电动机，若转子回路串入适当的电阻，则既能限制启动电流，又能增大启动转矩，同时克服了笼型异步电动机启动电流大、启动转矩不大的缺点，这种启动方法适用于大、中容量异步电动机重载启动。为了在整个启动过程中得到较大的加速转矩，并使启动过程比较平滑，应在转子回路中串入多级对称电阻。启动时，随着转速的升高，逐段切除启动电阻，这与直流电动机电枢串电阻启动类似，称为电阻分级启动。

28.5　步骤

28.5.1　三相笼型异步电机直接启动试验

按图 28 - 1 接线，电机绕组为△接法。实验前先把交流调压器退到零位，然后接通电源。增加电压使电机启动旋转。观察电机旋转方向。调整电机相序，使电机旋转方向符合要求。调整相序时，必须切断电源。

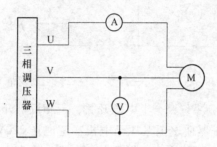

图 28 - 1　异步电机直接启动线路图

调节调压器，使输出电压达电机额定电压 220V，打开开关，等电机完全停止旋转后，再合上开关，使电机全压启动，电流表受启动电流冲击，电流表显示的最大值虽不能完全代表启动电流的读数，但用它可和下面几种启动方法的启动电流作定性的比较。

要开开关，将调压器退到零位，把电机堵住，合上开关，调节调压器，使电机电流达 2 ~ 3 倍额定电流，读取电压值 U_K、电流值 I_K，转矩值 T_K，试验时通电时间不应超过 10s，以免绕组过热。打开开关，对应于额定电压时的启动转矩 T_{st} 和启动电流 I_{st} 按下式计算：

$$T_{st} = \left(\frac{I_{st}}{I_K}\right)^2 T_K$$

式中，I_K 为启动试验时的电流值，A；T_K 为启动试验时的转矩值，N·m。

$$I_{st} = \left(\frac{U_N}{U_K}\right)I_K$$

式中，U_K 为启动试验时的电压值，V；U_N 为电机额定电压，V。

28.5.2　星形－三角形（Y/△）启动

线路原理图如图28－2所示。

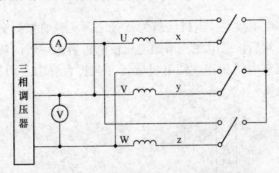

图28－2　星形－三角形（Y－△）启动线路图

把调压器退到零位，合上电源开关，三相双掷开关合向右边（Y接法），调节调压器使逐渐升压至电机额定电压220V，打开电源开关，待电机停转后，再合上电源开关，再把S合向左边，（△接法）正常运行，整个启动过程结束。观察启动过程中电流表的最大显示值，与其他启动方法作定性比较。

28.5.3　自耦变压器启动

实验线路原理图如图28－3所示，电机绕组△接法。

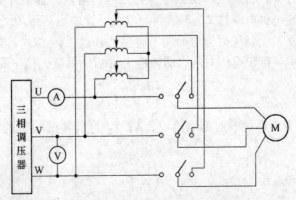

图28－3　自耦变压器启动线路图

　　先把S合向右边，把调压器退到零位，合上电源开关，调节调压器使输出电压达电机额定电压220V，打开电源开关，待电机停转后，再合上电源开关，使电机就自耦变压器降压启动并经一定时间把S合向左边，额定电压正常运行，整个启动过程结束。观察启动过程电流，作定性的比较。

28.5.4　绕线式异步电动机转子绕组串入可变电阻器启动

　　实验线路如图28－4所示，电机定子绕组Y形接法。

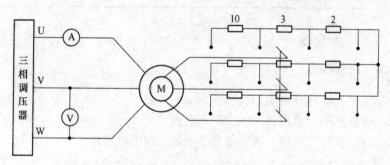

图28－4　绕线式异步电动机启动线路图

　　按图28－4接线。转子串入的电阻可由刷形开关来调节。调整相序使电机旋转方向符合要求，把调压器退到零位，用弹簧秤把电机堵住，定子加电压为180V，转子绕组串入不同电阻时，测定子电流和转矩。数据记入表28－1中。

表28－1　绕线式异步电动机堵转数据

R_{st}/Ω	0	2	5	15
I_{st}/A				
$T_{st}/N \cdot m$				

　　注意：试验时通电时间不应超过10s以免绕组过热。

28.5.5　绕线式异步电动机转子绕组串入可变电阻器调速

　　实验线路如图28－4所示。

使电机不堵转，转子附加电阻调至最大，合上电源开关，电机空载启动，保持调压器的输出电压为电机额定电压 220V，转子附加电阻调至零，调节直流发电机负载电流，使电动机输出功率接近额定功率并保持输出转矩 T_2 不变，改变转子附加电阻，测相应的转速记录于表 28 - 2。

表 28 - 2　绕线式异步电动机调速数据

r_{st}/Ω	0	2	5	15
$n/\text{r} \cdot \min^{-1}$				

28.6　注意事项

（1）正确选择电机的类型。

（2）正确记录电机的最大启动电流。

（3）调压器通电、断电前都必须处于输出电压为"0"的位置。

项目 29　三相异步电动机的参数测定

29.1　项目目的

（1）用直接负载法测取三相笼型异步电动机的工作特性。

（2）测定三相笼型异步电动机的参数。

29.2　项目内容

（1）测量定子绕组的冷态电阻。

（2）判定定子绕组的首末端。

（3）空载试验。

（4）短路试验。

29.3　项目设备及元器件

（1）电机综合实验装置；（2）总电源控制屏；（3）交流电流

表；（4）交流电压表；（5）功率表；（6）M04 笼型异步机。

29.4   项目原理

三相异步电动机的参数测定试验，是通过短路（堵转）试验和空载试验来进行的。在短路试验中主要是确定短路参数，在空载试验中主要是确定励磁参数。

29.4.1   短路（堵转）试验

图 29 – 1 所示是在三相异步电动机短路时的等值电路。

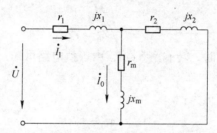

图 29 – 1   三相异步电动机短路时的等值电路

因短路试验时电压低，铁损耗可以忽略，又因为 $Z_m > Z'_2$，故图 29 – 1 中的励磁支路视为开路。由于试验时，转速 $n = 0$，机械损耗 $P_m = 0$，定子全部的输入功率 P_{1K} 都损耗在定子、转子的电阻上，即

$$P_{1K} = 3I_{1K}^2(r_1 + r'_2) \qquad (29-1)$$

根据短路试验测得的数据 U_{1K}、I_{1K}、P_{1K}，可以算出短路阻抗 Z_K、短路电阻 r_K 和短路电抗 X_K。即

$$Z_K = \frac{U_{1K}}{I_{1K}} \qquad (29-2)$$

$$r_K = \frac{P_{1K}}{3I_{1K}^2} \qquad (29-3)$$

$$x_K = \sqrt{Z_K^2 - r_k^2} \qquad (29-4)$$

29.4.2   空载试验

在三相异步电动机的空载试验中，由于电动机处于空载状态，

转子电流很小，转子的铜损耗可以忽略不计。若杂散损耗忽略，则此时定子的输入功率 P_0 消耗在定子铜损耗 $3I_0^2 r_1$、铁损耗 P_{Fe}、机械损耗 P_{m} 中，即

$$P_0 = 3I_0^2 r_1 + P_{\mathrm{Fe}} + P_{\mathrm{m}} \qquad (29-5)$$

设定子加额定电压时，根据空载试验测得的数据空载电流 I_0 和空载输入功率 P_0，可以算出：

$$Z_0 = \frac{U_{\mathrm{N}}}{I_0} \qquad (29-6)$$

$$r_0 = \frac{P_0 - P_{\mathrm{m}}}{3I_0^2} \qquad (29-7)$$

$$x_0 = \sqrt{Z_0^2 - r_0^2} \qquad (29-8)$$

电动机空载时，转差率 $S \approx 0$，由等值电路可知：

$$x_0 = x_{\mathrm{m}} + x_1 \qquad (29-9)$$

于是励磁电抗为：

$$x_{\mathrm{m}} = x_0 - x_1 \qquad (29-10)$$

励磁电阻为：

$$r_{\mathrm{m}} = r_0 - r_1 \qquad (29-11)$$

29.5　步骤

29.5.1　测量定子绕组的冷态直流电阻

将电机在室内放置一段时间，用温度计测量电机绕组端部或铁芯的温度。当所测温度与冷却介质温度之差不超过 2K 时，即为实际冷态。记录此时的温度和测量定子绕组的直流电阻，此阻值即为冷态直流电阻。

伏安法的测量线路图如图 29-2 所示。

量程的选择：测量时通过的测量电流约为电机额定电流的 10%，即约为 50mA，因而直流电流表的量程用 200mA 挡。三相笼型异步电动机定子一相绕组的电阻约为 50Ω，因而当流过的电流为 50mA 时二端电压约为 2.5V，所以直流电压表量程用 20V 挡。

按图 29-2 接线。将励磁电流源调至 25mA。接通开关 S_1，调节励

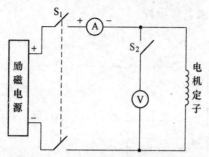

图 29 - 2　伏安法测定子绕组线路图

磁电流源使试验电流不超过电机额定电流的 10%（为了防止因试验电流过大而引起绕组的温度上升），读取电流值，再接通开关 S_2，读取电压值。读完后，先打开开关 S_2，再打开开关 S_1，每一电阻测量三次。

29.5.2　判定定子绕组的首末端

先用万用表测出各相绕组的两个线端，将其中的任意两相绕组串联，施以单相低电压 $U = 80 \sim 100V$，注意电流不应超过额定值，如图 29 - 3 所示，测出第三相绕组的电压，如测得的电压有一定读数，表示两相绕组的末端与首端相连。反之，如测得的电压近似为零，则表示两相绕组的末端与末端（或首端与首端）相连，用同样方法测出第三相绕组的首末端。

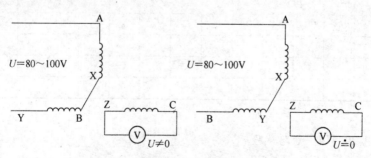

图 29 - 3　定子绕组的首末端判断线路图

29.5.3　空载试验

（1）首先把交流调压器调到零，然后按图 29 - 4 接线，电机定子绕组△接法。请老师检查。

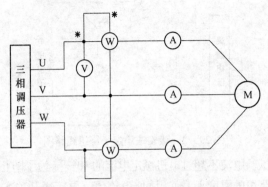

图 29 – 4　三相笼型异步电动机试验接线图

（2）接通电源，逐渐升高电压，使电机启动旋转，观察电机旋转方向。并使电机为正转（反转时，可拨拨钮使其正转）。

（3）继续升高电压使 $U = 1.2U_N = 264V$（额定电压 220V）。

开始逐渐降低电压，直至电流或功率显著增大为止。在这范围内读取空载电压、空载电流、空载功率，共读取 7 ~ 9 组数据，记录于表 29 – 1 中。调压器回零，断电。

表 29 –1　空载实验数据

序号	U/V				I/A				P/W			$\cos\varphi$
	U_{UV}	U_{VW}	U_{WU}	U_0	I_U	I_V	I_W	I_0	P_I	P_{II}	P_0	$\cos\varphi_0$

29.5.4　短路试验

把电机堵住，合上交流电源，调节调压器使电压升高，观察电流使电流 $I = I_N = 0.48A$，再逐渐降低电流使 $I = 0.3I_N = 0.144A$ 为止。在这范围内读取短路电压、短路电流、短路功率共读取 4 ~ 5 组数据，记录于表 29 – 2 中。调压器回零，断电。

表 29 - 2　短路实验数据

序号	U/V				I/A				P/W			cosφ
	U_{UV}	U_{VW}	U_{WU}	U_K	I_U	I_V	I_W	I_K	P_I	P_{II}	P_K	cosφ_K

29.6　注意事项

（1）调压器通电、断电前都必须处于输出电压为"0"的位置。

（2）短路实验操作要快，否则线圈发热会引起电阻变化。

（3）注意数据测量的完整性。

项目 30　三相异步电动机的制动

30.1　项目目的

通过实验掌握三相异步电动机的制动方法。

30.2　项目内容

（1）交流电机的能耗制动。

（2）交流电机的反接制动。

30.3　项目设备及元器件

（1）三相交流电源；（2）交流电压表；（3）交流电流表；（4）电动机 M04；（5）三刀双掷开关；（6）可调直流稳压电源；（7）可调电阻 MEL - 04。

30.4 项目原理

实现能耗制动的方法是将定子绕组从三相交流电源断开，然后在它的定子绕组上立即加上直流励磁电源，同时在转子电路串入制动电阻。电动状态的特点是：电动机的电磁转矩 T 与转速 n 方向相同，机械特性位于第一、三象限，制动状态的特点是：电动机的电磁转矩 T 与转速 n 方向相反，机械特性必然位于第二、四象限。

当异步电动机转子的旋转方向与定子旋转磁场的方向相反时，电动机便处于反接制动状态。反接制动分为两种情况，一是在电动状态下突然将电源两相反接，使定子旋转磁场的方向由原来的顺转子转向改为逆转子转向，这种情况下的制动称为电源两相反接的反接制动；二是保持定子磁场的转向不变，而转子在位能负载作用下进入倒拉反转，这种情况下的制动称为倒拉反转的反接制动。

30.5 步骤

（1）异步电动机的能耗制动，电路如图 30-1 所示。

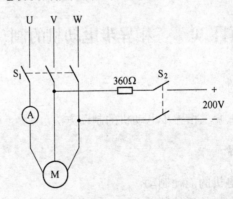

图 30-1 异步电动机的能耗制动实验电路图

1）按照图 30-1 接线，并将可调的直流稳压电源调成 200V 左右，双刀双掷开关 S_2 处于断开的位置。

2）闭合三刀双掷开关 S_1，待电机正常运行后，再断开电源开关，同时观察自由停车所需的时间。

3）闭合三刀双掷开关 S_1，待电机运行正常后，再将三刀双掷开关 S_1 断开的同时闭合双刀双掷开关 S_2，从而实现了能耗制动，并记录能耗制动时所需的停车时间。

（2）异步电动机的反接制动，电路如图 30 – 2 所示。

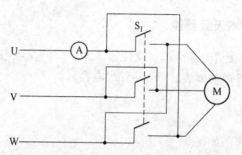

图30 – 2　异步电动机的反接制动实验电路图

1）闭合三刀双掷开关 S_1，待电机正常运行后，再断开电源开关，同时观察自由停车所需的时间。

2）闭合三刀双掷开关 S_1，待电机运行正常后，再将三刀双掷开关 S_1 打向相反的方向，注意在电机由正转到反转的过程中，有一瞬间是停止的，在此时迅速的断开电源，从而实现了反接制动，并记录反接制动时所需的停车时间。

30.6　注意事项

（1）调压器通电、断电前都必须处于输出电压为"0"的位置。

（2）阻值 R 的合理选择。

（3）能耗制动中所需的 200V 电源必须先调好，并按下复位按钮。

项目 31　单相电容启动异步电动机

31.1　项目目的

用实验方法测定单相电容启动异步电动机的技术指标和参数。

31.2　项目内容

（1）测量定子主、副绕组的实际冷态电阻。

（2）空载试验、短路试验、负载试验。

31.3　项目设备及元器件

（1）三相交流电源；（2）交流电压表；（3）交流电流表；（4）电动机 M05；（5）功率表；（6）35μF 电容。

31.4　项目原理

（1）电路图如图 31 - 1 所示。

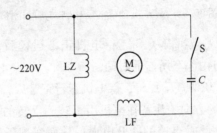

图 31 - 1　单相电容启动异步电动机电路图

（2）结构特点。单相电容启动异步电动机的结构，与单相电容运行异步电动机相类似，但电容启动异步电动机的启动绕组中将串联一个启动开关 S。

（3）工作原理。当电动机转子静止或转速较低时，启动开关 S 处于接通位置，启动绕组和工作绕组一起接在单相电源上，获得启动转矩。当电动机转速达到额定转速的 80% 左右时启动开关 S 断开，启动绕组从电源上切断，此时单靠工作绕组已有较大转矩，驱动负载运行。

31.5　步骤

被试电机为单相电容启动异步电动机 M05。

（1）分别测量定子主、副绕组的实际冷态电阻。测量方法见项目 29，记录当时室温。

（2）空载试验、短路试验和负载试验。按图 31 - 2 接线，启动电容为 35μF。

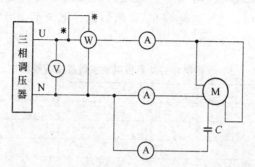

图 31 - 2　单相电容启动异步电动机电路图

调节调压器让电机降压空载启动，在额定电压下空载运转使机械损耗达稳定，从 1.1 倍额定电压开始逐步降低直至可能达到的最低电压值，即功率和电流出现回升时为止，其间测取 7~9 组数据，记录每组的电压 U_0、电流 I_0、功率 P_0 于表 31 - 1 中。

表 31 - 1　单相电容启动异步电动机空载实验数据

序　号							
U_0/V							
I_0/A							
P_0/W							

由空载试验数据计算电机参数见项目 21。

在短路试验时，升压约（0.95~1.02）U_N，再逐次降压至短路电流接近额定电流为止。其间测取 5~7 组 U_K、I_K、T_K 数据记录于表 31 - 2 中。

表 31 - 2　单相电容启动异步电动机短路实验数据

序　号							
U_K/V							
I_K/A							
$T_K/N \cdot m$							

注意：测取每组读数时，通电持续时间不应超过 5s，以免绕组过热。

在负载试验时，可调节直流电机的负载电流使电动机在 1.1 ~ 0.25 倍额定功率范围内测取 6 ~ 8 组数据，记录定子电流 I、输入功率 P_1、转矩 T_2、转速 n 于表 31 – 3 中。

表 31 – 3　单相电容启动异步电动机负载实验数据　　（$U_N = 220V$）

序　号						
I/V						
P_1/W						
I_F/V						
$T_2/N \cdot m$						
$n/r \cdot min^{-1}$						

31.6　注意事项

（1）正确选用电机。

（2）正确选择电容，并在用完后进行放电处理。

（3）调压器通电、断电前都必须处于输出电压为"0"的位置。

（4）注意数据测量的完整性。

项目 32　单相电容运转异步电动机

32.1　项目目的

用实验方法测定单相电容运转异步电动机的技术指标和参数。

32.2　项目内容

（1）测量定子主、副绕组的实际冷态电阻。

（2）有效匝数比的测定。

（3）空载试验。

（4）短路试验和负载试验。

32.3 项目设备及元器件

（1）三相交流电源；（2）交流电压表；（3）交流电流表；（4）电动机 M05；（5）功率表；（6）4μF 电容；（7）三刀双掷开关。

32.4 项目原理

（1）电路图如图 32－1 所示。

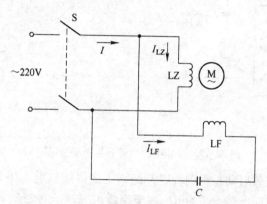

图 32－1 单相电容运行异步电动机电路图

（2）结构特点。

定子铁芯上嵌放两套绕组，绕组的结构基本相同，空间位置上互差 90°电角度，工作绕组 LZ 接近纯电感负载，其电流 I_{LZ} 相位落后电压接近 90°电角度；启动绕组 LF 上串接电容器，合理选择电容值，使串联支路电流 I_{LF} 超前 I_{LZ} 的相位 90°。

（3）工作原理。

两相旋转磁场的产生条件空间上有两个相差 90°电角度的绕组；通入两绕组的电流在相位上相差 90°，两绕组产生的磁动势相等。

笼型转子在旋转磁场中，感应出电流，感应电流与旋转磁场相互作用产生电磁转矩，并驱动转子沿旋转磁场方向异步转动。

（4）运行特点。

结构简单，使用维护方便，堵转电流小，有较高的效率和功率因数。但启动转矩较小，多用于电风扇、吸尘器等。

32.5　步骤

被试电机为单相电容运转异步电动机 M06。

（1）测量定子主、副绕组的实际冷态电阻。测量方法见项目 29，记录当时室温。

（2）有效匝数比的测定。按图 32 - 2 接线，外配电容 C 为 $4\mu F$。

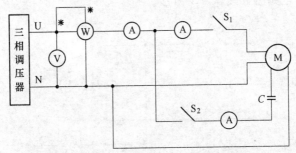

图 32 - 2　单相电容运转异步电动机电路图

降压空载启动，将副绕组开路，主绕组加额定电压 220V，测量副绕组的感应电势 E_a，将 U_a 施于副绕组（$U_a = 1.25 E_a$），主绕组开路，测量主绕组的感应电势 E_m。绕组的有效匝数比

$$K = \sqrt{\frac{U_a \times E_a}{E_m \times 220}}$$

（3）空载试验。降压空载启动，将副绕组开路（打开开关 S_1），主绕组加额定电压空载运转使机械损耗达稳定（15min），从 1.1 ~ 1.2 倍额定电压开始逐步降低到可能达到的最低电压值即功率和电流出现回升时为止，其间测取 7~9 组数据，测取电压、电流、功率。记录数据于表 32 - 1 中。

表 32 - 1　单相电容运转异步电动机空载实验数据

序　号							
U_0/V							
I_0/A							
P_0/W							

（4）短路试验、负载试验。测量和参数的计算方法见项目 21。在短路试验时可升压到（0.95～1.05）U_N，再逐次降压至短路电流接近额定电流为止。其间测取 5～7 组 U_K、I_K、T_K 等数据。

将短路实验、负载实验的数据记录于表 32-2、表 32-3 中。

表 32-2 单相电容运转异步电动机短路实验数据

序　号							
U_K/V							
I_K/A							
$T_K/N \cdot m$							

表 32-3 单相电容启动异步电动机负载实验数据　　（$U_N = 220V$）

序　号							
I/A							
P_1/W							
$T_2/N \cdot m$							
$n/r \cdot min^{-1}$							

32.6 注意事项

（1）正确选用电机。

（2）正确选择电容，并在用完后进行放电处理。

（3）调压器通电、断电前都必须处于输出电压为"0"的位置。

（4）注意数据测量的完整性。

项目 33 三相同步电动机

33.1 项目目的

（1）掌握三相同步电动机的异步启动方法。

（2）测取三相同步电动机的 V 形曲线。

（3）测取三相同步电动机的工作特性。

33.2　项目内容

（1）三相同步电动机的异步启动。

（2）测取三相同步电动机输出功率 $P_2 \approx 0$ 时的 V 形曲线。

（3）测取三相同步电动机输出功率 $P_2 = 0.5$ 倍额定功率时的 V 形曲线。

（4）测取三相同步电动机的工作特性。

33.3　项目设备及元器件

（1）三相交流电源；（2）交流电压表；（3）交流电流表；（4）电动机 M08；（5）功率表；（6）同步电机励磁电源；（7）三刀双掷开关。

33.4　项目原理

同步电动机的 U 形曲线是指当电源电压和电源的频率均为额定值时，在输出功率不变的条件下，调节励磁电流 I_f 时定子电流 I 的相应变化。以励磁电流 I_f 为横坐标，定子电流 I 为纵坐标，将两个电流数值变化关系绘制成曲线，由于其形状像英文字母"U"，故称其为 U 形曲线。如图 33 – 1 所示。

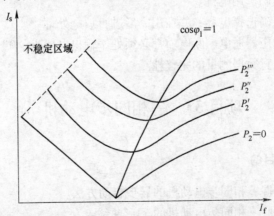

图 33 – 1　同步电动机的 U 形曲线

　　对每条 U 形曲线，定子电流有一最小值，这时定子仅从电网吸收有功功率，功率因数 $\cos\varphi = 1$。把这些点连起来，称为 $\cos\varphi = 1$ 线。它微微向右倾斜，说明输出为纯有功功率情况下，输出功率增大的同时，必须相应地增加一些励磁电流。这样，$\cos\varphi = 1$ 线可作为分界线，线的左边是欠励区，右边是过励区。

　　当同步电动机带一定负载时，若减小励磁电流 I_f，电动势 E_0、电磁功率 P_M 减小。当 P_M 减小到一定程度，θ 超过 90°，电动机就失去同步，如图 33 – 1 中虚线所示的不稳定区。从这个角度来看，同步电动机最好也不运行于欠励状态。

33.5　步骤

　　被试电机为凸极式三相同步电动机 M08。

　　（1）三相同步电动机的异步启动实验线路图如图 33 – 2 所示。

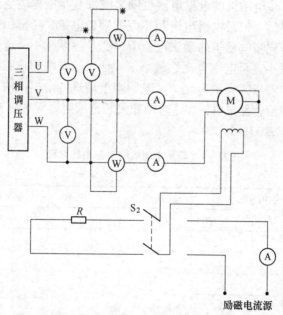

图 33 – 2　同步电动机实验电路图

　　电阻器 R 的阻值选择为同步发电机励磁绕组电阻的 10 倍（约 90Ω）。按照图 33 – 2 接线。

把功率表电流线圈短接，把交流电流表短接，先将开关 S 闭合于励磁电流源端，启动励磁电流源调节励磁电流源输出大约 0.7A 左右，然后将开关 S 闭合于可变电阻器 R（图 33 - 2 左端），把调压器退到零位，合上电源开关调节调压器使升压至同步电动机额定电压 220V，观察电机旋转方向，若不符合则应调整相序使电机旋转方向符合要求。当转速接近同步转速时，把开关 S 迅速从左端切换闭合到右端让同步电动机励磁绕组加直流励磁而强制拉入同步运行，异步启动同步电动机整个启动过程完毕，接通功率表、功率因数表、交流电流表。

（2）测取三相同步电动机输出功率 $P_2 \approx 0$ 时的 V 形曲线。

按步骤（1）的方法异步启动同步电动机。直流电机开路，并不加励磁，使同步电动机输出功率 $P_2 \approx 0$，这时同步电动机的输出功率仅为直流电机的机械损耗，调节同步电动机的励磁电流 I_f 并使 I_f 增加，这时同步电动机的电枢电流也随之增加直至电枢电流达同步电动机的额定值，记录电枢电流和相应的励磁电流、功率因数、输入功率，调节同步电动机的励磁电流 I_f，使 I_f 逐渐减小，这时电枢电流也随之减小直至电枢电流达最小值，记录这时的相应数据，继续调小同步电动机的励磁电流，这时同步电动机的电枢电流反而增大直到电枢电流达额定值，在这过励和欠励范围内读取 9～11 组数据。数据记录于表 33 - 1。

表 33 - 1　同步电动机的 U 形曲线数据

（$n =$ ＿＿＿ r/min，$U =$ ＿＿＿ V，$P_2 \approx 0$）

序号	三相电流/A				励磁电流/A	功率因数	输入功率/W		
	I_U	I_V	I_W	I	I_f	$\cos\varphi$	P_{I}	P_{II}	P

表中 $I = (I_U + I_V + I_W)/3$，$P = P_{\mathrm{I}} + P_{\mathrm{II}}$。

（3）测取三相同步电动机输出功率 $P_2 \approx 0.5$ 倍额定功率时的 V 形曲线。

按步骤（1）的方法异步启动同步电动机，保持直流电机的励磁电流为规定值，改变直流电机负载电阻 R_L 的大小，使同步电动机输出功率改变，输出功率按下式计算：

$$P_2 = 0.105nT_2$$

式中，n 为电机转速，r/min；T_2 为由直流电机负载电流查对应值，$N \cdot m$。

使同步电动机输出功率接近于 0.5 倍额定功率且保持不变，调节同步电动机的励磁电流 I_f 使 I_f 增加，这时同步电动机的电枢电流也随之增加，直到电枢电流达同步电动机的额定电流，记录电枢电流和相应的励磁电流、功率因数、输入功率。调节同步电动机的励磁电流 I_f，使 I_f 逐渐减小，这时电枢电流也随之减小直至电枢电流达最小值，记录这时的相应数据，继续调小同步电动机的励磁电流，这时同步电动机的电枢电流反而增大直到电枢电流达额定值，在过励和欠励范围内读取 9~11 组数据并记录于表 33-2 中。

表 33-2 同步电动机的 U 形曲线数据

（$n = $ ____ r/min, $U = $ ____ V, $P_2 \approx 0.5P_N$）

序号	三相电流/A				励磁电流/A	功率因数	输入功率/W		
	I_U	I_V	I_W	I	I_f	$\cos\varphi$	P_I	P_{II}	P

表中，$I = (I_U + I_V + I_W)/3$，$P = P_I + P_{II}$。

（4）测取三相同步电动机的工作特性。

按步骤（1）的方法异步启动同步电动机，调节直流电机的励磁电流为规定值并保持不变，调节直流电机的负载电流，这时同步电动机输出功率改变，同时调节同步电动机的励磁电流使同步电动机输出功率达额定值时，且功率因数为 1；保持此时同步电动机的励磁电流恒定不变，逐渐减小直流电机的负载电流，使同步电动机输出功率逐渐减小直至为零，读取定子电流、输入功率、功率因数、输出转矩、转速，共取 6~7 组数据并记录于表 33 – 3 中。

表 33 – 3　同步电动机的 U 形曲线数据

$(U = U_N = \underline{\quad} $ V, $ I_f = \underline{\quad} $ A, $ n = \underline{\quad} $ r/min$)$

序号	同步电动机输入								同步机输出			
	I_U/A	I_V/A	I_W/A	I/A	P_I/W	P_{II}/W	P/W	$\cos\varphi$	T_2 /N·m	P_2/W	η/%	I_F/A

表中，$I = (I_U + I_V + I_W)/3$，$P = P_I + P_{II}$，$P_2 = 0.105 n T_2$，$\eta = \dfrac{P_2}{P} \times 100\%$。

33.6　注意事项

（1）同步电机励磁电源应先调至 0.7A 的位置。

（2）正确选用电机。

（3）调压器通电、断电前都必须处于输出电压为 "0" 的位置。

项目 34　三相异步电动机单方向运转

34.1　项目目的

（1）掌握交流电机的使用方法。

（2）学会交流接触器的使用方法。

（3）学会控制电路的接线方法。

34.2 项目内容

（1）三相异步电动机单方向运转。

（2）三相异步电动机单方向运转加点动。

34.3 项目设备及元器件。

（1）交流电动机；（2）控制按钮；（3）交流接触器；（4）导线；（5）万用表；（6）电机拖动及控制技术实验台。

34.4 项目原理

三相异步电动机单方向运转是电机最基本的运行方式，使用场合也最多，例如，抽水机、磨面机、振打器、皮带运输机等机械的拖动控制方式。在电机容量 5kW 以上，由于启动电流较大，是不允许直接启动的。特别是频繁启动、停止的场合，必须使用交流接触器分断、接通主电路，因为交流接触器具有快速分断电弧的能力。所以三相异步电动机单方向运转电气控制线路是电机拖动控制最基本的控制线路。

项目线路如图 34 – 1、图 34 – 2 所示。

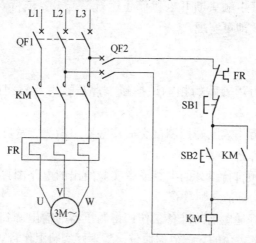

图 34 – 1 三相异步电动机单方向运转

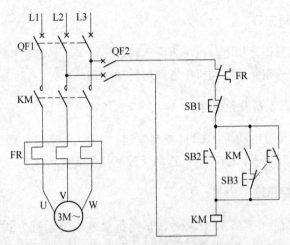

图 34 - 2　三相异步电动机单方向运转加点动

单向运行电路工作原理简述：合上 QS→按下 SB2→KM 线圈得电→KM 主触头闭合→电机运转→按下 SB1 电机停止，如图 34 - 1 所示。

单向运行加点动电路工作原理：合上 QF 和 QF1 后，当按下 SB2 时 KM1 得电并自锁，其主触头闭合电机运转；当按下 SB1 时 KM1 线圈失电，其主触头断开电机停止运行。若需要进行点动运行时，只需按动 SB3 即可实现。

34.5　步骤

（1）用万用表欧姆挡测试按钮、常开触头及常闭触头的通断情况。

（2）用万用表欧姆挡测试交流接触器主触头、常驻开触头及常触头的通断情况。

（3）按照自行设计的电路或者实验给出的电路图接线，在自行检查无误后，再请老师复查。

（4）做好通电前的准备工作：将调压器的输出调到零，接好交流电压表，将多余的导线放回原位，整理好实验工作台。

（5）启动电源，升高电源电压，使电压满足电机、接触器的要求，同时观察电机的转速方向。但在观察电机的转速方向时一定要注意安全，人的头发、衣袖等任何部位都不能碰及电机的旋转部分。

（6）实验完毕，先将电源电压调回零位，再断开电源。

34.6　注意事项

（1）正确使用调压器：电机启动之前调压器一定在零位，实验完毕，先将电源电压调回零位，再断开电源。

（2）观察电机的转速方向时一定要注意安全，人的头发、衣袖等任何部位都不能碰及电机的旋转部分。

（3）正确运用工具、仪表，严禁打闹，严禁私自通电。

项目35　三相异步电动机正反转控制

35.1　项目目的

（1）学习连接三相异步电动机正、反转控制线路。

（2）通过对控制线路的连接和操作，了解自锁、互锁、欠压、失压和过载保护的工作原理。

35.2　项目内容

（1）电机正转。

（2）电机反转。

35.3　项目设备及元器件

（1）万用表；（2）交流电动机；（3）交流接触器；（4）控制按钮；（5）导线；（6）电机拖动及控制技术实验台。

35.4　项目原理

项目线路如图35-1所示。

工作原理：合上 QF 和 QF1 后，当按下 SB2 时 KM1 得电并自锁，其主触头闭合电机正转；同时 KM1 常闭触头将 KM2 线圈回路断开互

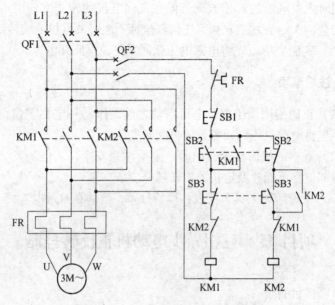

图 35 – 1　双重联锁正反转控制线路

锁。当按下 SB3 时 KM1 线圈回路断电，而 KM2 回路接通并自锁，其主触头闭合电机反转。同时 KM2 常闭触头将 KM1 线圈回路断开互锁。当按下 SB1 时 KM1 或 KM2 线圈失电，其主触头断开电机停止运行。

35.5　步骤

（1）用万用表欧姆挡测试按钮、常开触头及常闭触头的通断情况。

（2）用万用表欧姆挡测试交流接触器主触头、常驻开触头及常触头的通断情况。

（3）按照自行设计的电路或者实验给出的电路图接线，在自行检查无误后，再请老师复查。

（4）做好通电前的准备工作：将调压器的输出调到零，接好交流电压表，将多余的导线放回原位，整理好实验工作台。

（5）启动电源，升高电源电压，使电压满足电机、接触器的要求，同时观察电机的转速方向。但在观察电机的转速方向时一定要注意安全，人的头发、衣袖等任何部位都不能碰及电机的旋转部分。

（6）实验完毕，先将电源电压调回零位，再断开电源。

35.6 注意事项

（1）正确使用调压器：电机启动之前调压器一定在零位，实验完毕，先将电源电压调回零位，再断开电源。

（2）观察电机的转速方向时一定要注意安全，人的头发、衣袖等任何部位都不能碰及电机的旋转部分。

（3）正确运用工具、仪表，严禁打闹，严禁私自通电。

（4）连接线路时，注意相序的交换。

项目36 三相异步电动机星－三角降压启动控制线路

36.1 项目目的

（1）学会交流接触器和时间继电器的使用方法。

（2）学会控制电路的接线方法。

（3）电机的星－三角（Y－△）启动控制线路。

36.2 项目内容

三相异步电动机Y－△降压启动控制线路。

36.3 项目设备及元器件

（1）万用表；（2）交流电动机；（3）交流接触器；（4）控制按钮；（5）导线；（6）电机拖动及控制技术实验台；（7）时间继电器。

36.4 项目原理

项目线路如图36－1所示。

工作原理：合上电源QS，按下SB2，KT线圈得电，KM3线圈

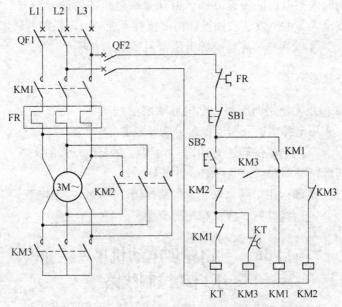

图 36 - 1　三相异步电动机Y - △降压启动控制线路

得电，KM3 常闭触头分断，KM3 常开触头闭合、主触头闭合，KM1
线圈得电，KM1 自锁触头闭合自锁、主触头闭合，电机 Y 形启动；
延时时间一到，常闭触头分断，KT 线圈失电、KM3 线圈失电，KM3
主触头断开、常开断开、常闭闭合，KM2 得电、主触头闭合、常闭
断开，电机△形运行。

36.5　步骤

（1）用万用表欧姆挡测试按钮、常开触头及常闭触头的通断
情况。

（2）用万用表欧姆挡测试交流接触器主触头、常驻开触头及常
触头的通断情况。

（3）按照自行设计的电路或者实验给出的电路图接线，在自行
检查无误后，再请老师复查。

（4）做好通电前的准备工作：将调压器的输出调到零，接好交
流电压表，将多余的导线放回原位，整理好实验工作台。

（5）如果用的是自动控制线路，则时间继电器的时间设置为2～3s较好。

（6）启动电源，升高电源电压，使电压满足电机、接触器的要求，同时观察电机的转速方向。但在观察电机的转速方向时一定要注意安全，人的头发、衣袖等任何部位都不能碰及电机的旋转部分。

（7）实验完毕，先将电源电压调回零位，再断开电源。

36.6　注意事项

（1）正确使用调压器：电机启动之前调压器一定在零位，实验完毕，先将电源电压调回零位，再断开电源。

（2）观察电机的转速方向时一定要注意安全，人的头发、衣袖等任何部位都不能碰及电机的旋转部分。

（3）正确运用工具、仪表，严禁打闹，严禁私自通电。

（4）连接线路时，注意时间继电器的公共端钮。

项目 37　自动往返控制线路

37.1　项目目的

（1）了解启动的控制原理。

（2）学会控制电路的接线方法。

37.2　项目内容

自动往返控制线路。

37.3　项目设备及元器件

（1）万用表；（2）交流电动机；（3）交流接触器；（4）控制按钮；（5）导线；（6）电机拖动及控制技术实验台。

37.4　项目原理

项目线路如图37－1所示。

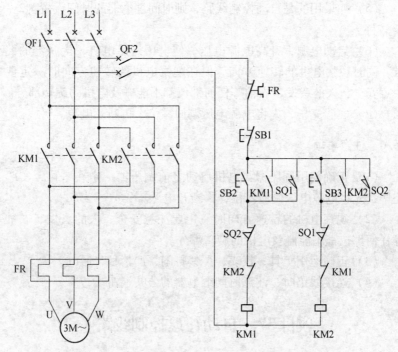

图 37 - 1　自动往返控制线路

工作原理：合上 QF1 和 QF2，闭合 SB2，KM1 线圈得电，KM1 主触头闭合，电机正转由甲地到乙地，并且 KM1 辅助开点闭合自锁、辅助闭点断开形成互锁；当到达乙地时，SQ 乙的闭点断开 KM1 线圈失电，KM1 辅助闭点闭合，SQ 乙开点闭合，KM2 线圈得电，KM2 主触头闭合，电机反转由乙地到甲地，并且 KM2 辅助开点闭合自锁、辅助闭点断开形成互锁；当到达甲地时以此类推，按下 SB1 电机停止（注：SB3 的作用是反转启动）。

37.5　步骤

（1）用万用表欧姆挡测试按钮、常开触头及常闭触头的通断情况。

（2）用万用表欧姆挡测试交流接触器主触头、常驻开触头及常触头的通断情况。

（3）按照自行设计的电路或者实验给出的电路图接线，在自行检查无误后，再请老师复查。

（4）做好通电前的准备工作：将调压器的输出调到零，接好交流电压表，将多余的导线放回原位，整理好实验工作台。

（5）启动电源，升高电源电压，使电压满足电机、接触器的要求，同时观察电机的转速方向。但在观察电机的转速方向时一定要注意安全，人的头发、衣袖等任何部位都不能碰及电机的旋转部分。

（6）实验完毕，先将电源电压调回零位，再断开电源。

37.6　注意事项

（1）正确使用调压器：电机启动之前调压器一定在零位，实验完毕，先将电源电压调回零位，再断开电源。

（2）观察电机的转速方向时一定要注意安全，人的头发、衣袖等任何部位都不能碰及电机的旋转部分。

（3）正确运用工具、仪表，严禁打闹，严禁私自通电。

项目 38　两台电机顺启顺停电控线路

38.1　项目目的

（1）了解启动的控制原理。
（2）熟悉控制线路故障的判别及处理方法。

38.2　项目内容

（1）两台电机顺启顺停电控线路。
（2）两台电机顺启逆停电控线路。

38.3　项目设备及元器件

（1）万用表；（2）交流电动机；（3）交流接触器；（4）控制按钮；（5）导线；（6）电机拖动及控制技术实验台。

38.4　项目原理

项目线路如图 38 - 1 所示。

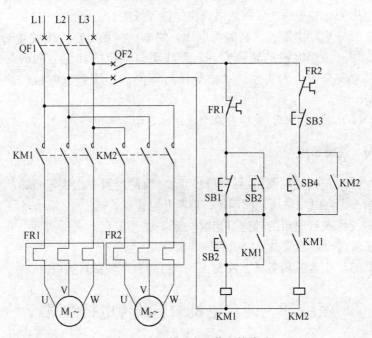

图 38 - 1　电机顺启顺停电控线路

工作原理：合上 QF1 和 QF2，按下 SB3，由于 KM1 的辅助开点断开的，不能启动，按下 SB2，KM1 线圈得电，KM1 常开触头闭合，自锁，M1 电机启动。按 SB3，KM2 线圈得电，KM2 常开触头闭合，KM2 线圈自锁，电机 KM2 启动。按下 SB4，由于 KM1 线圈有电，所以不能断开 KM2，必须先按下 SB1，断开 KM1，第一台电机停止，KM1 的辅助开点断开，再按下 SB4，断开 KM2，第二台电机停止。

38.5　步骤

（1）用万用表欧姆挡测试按钮，常开触头及常闭触头的通断情况。

（2）用万用表欧姆挡测试交流接触器主触头、常驻开触头及常触头的通断情况。

（3）按照自行设计的电路或者实验给出的电路图接线，在自行检查无误后，再请老师复查。

（4）做好通电前的准备工作：将调压器的输出调到零，接好交流电压表，将多余的导线放回原位，整理好实验工作台。

（5）如果用的是自动控制线路，则时间继电器的时间设置为2～3s较好。

（6）启动电源，升高电源电压，使电压满足电机、接触器的要求，同时观察电机的转速方向。但在观察电机的转速方向时一定要注意安全，人的头发、衣袖等任何部位都不能碰及电机的旋转部分。

（7）实验完毕，先将电源电压调回零位，再断开电源。

38.6 注意事项

（1）正确使用调压器：电机启动之前调压器一定在零位，实验完毕，先将电源电压调回零位，再断开电源。

（2）观察电机的转速方向时一定要注意安全，人的头发、衣袖等任何部位都不能碰及电机的旋转部分。

（3）正确运用工具、仪表，严禁打闹，严禁私自通电。

项目39　能耗制动线路

39.1 项目目的

（1）了解启动的控制原理。

（2）熟悉控制线路故障的判别及处理方法。

39.2 项目内容

（1）能耗制动。

（2）反接制动。

39.3 项目设备及元器件

（1）万用表；（2）交流电动机；（3）交流接触器；（4）控制按

钮；（5）导线；（6）电机拖动及控制技术实验台；（7）时间继电器。

39.4　项目原理

项目线路如图 39 - 1 所示。

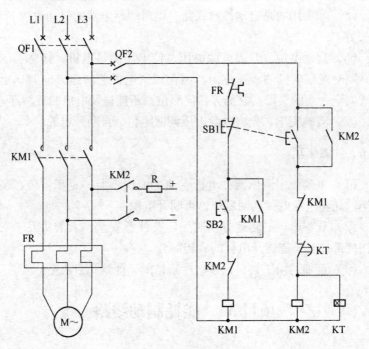

图 39 - 1　能耗制动线路

工作原理：合上 QS，单向启动运转，按下 SB2→KM1 线圈得电
→KM1 各触头相应动作→电动机 M 启动运行，能耗制动停转。按下
SB1→SB1 常开触头先分断→KM1 线圈失电→KM1 自锁触头断开，
解除自锁；KM1 自锁触头断开 M 暂时失电并惯性运转；KM1 联锁触
头闭合→SB1 常开触头闭合→KM2 线圈得电→KM2 联锁触头断开对
KM1 联锁；KM2 主触头闭合自锁→M 接入直流电能耗制动→KT 线
圈得电→KT 常闭触头延时后断开→KM2 线圈失电，KM2 联锁触头
恢复闭合，KM2 自锁触头断开→KT 线圈失电→KT 触头瞬时复位；
KM2 主触头断开→M 切断直流电源并停转，能耗制动结束。

39.5　步骤

（1）用万用表欧姆挡测试按钮、常开触头及常闭触头的通断情况。

（2）用万用表欧姆挡测试交流接触器主触头，常驻开触头及常触头的通断情况。

（3）按照自行设计的电路或者实验给出的电路图接线，在自行检查无误后，再请老师复查。

（4）做好通电前的准备工作：将调压器的输出调到零，接好交流电压表，将多余的导线放回原位，整理好实验工作台。

（5）如果用的是自动控制线路，则时间继电器的时间设置为2～3s较好。

（6）启动电源，升高电源电压，使电压满足电机、接触器的要求，同时观察电机的转速方向。但在观察电机的转速方向时一定要注意安全，人的头发、衣袖等任何部位都不能碰及电机的旋转部分。

（7）实验完毕，先将电源电压调回零位，再断开电源。

39.6　注意事项

（1）正确使用调压器：电机启动之前调压器一定在零位，实验完毕，先将电源电压调回零位，再断开电源。

（2）观察电机的转速方向时一定要注意安全，人的头发、衣袖等任何部位都不能碰及电机的旋转部分。

（3）正确运用工具、仪表，严禁打闹，严禁私自通电。

（4）直流电源应事先调好。

项目 40　双速电机

40.1　项目目的

（1）学会交流接触器的使用方法。

（2）学会控制电路的接线方法。

（3）掌握双速控制线路。

40.2　项目内容

（1）高速。

（2）低速。

40.3　项目设备及元器件

（1）万用表；（2）交流电动机；（3）交流接触器；（4）控制按钮；（5）导线；（6）电机拖动及控制技术实验台；（7）时间继电器。

40.4　项目原理

项目线路如图 40 - 1 所示。

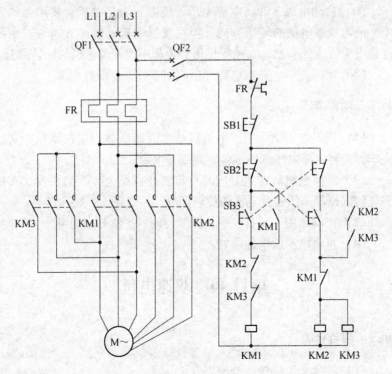

图 40 - 1　双速电机

工作原理：合上 QS 开关，按动启动按钮 SB2，KT 与 KM1 得电吸合，KT 的瞬动接点闭合自锁，进入了低速启动程序时间。当 KT 延时时间达到时，其延时常闭接点断开，KM1 线圈通路，KM1 失电，同时延时常开接点接通 KM3，其 KM3 辅助常开又接通 KM2 线圈通路，进入了高速运行。按动 SB1 电机停转。

40.5　步骤

（1）用万用表欧姆挡测试按钮、常开触头及常闭触头的通断情况。

（2）用万用表欧姆挡测试交流接触器主触头、常驻开触头及常触头的通断情况。

（3）按照自行设计的电路或者实验给出的电路图接线，在自行检查无误后，再请老师复查。

（4）做好通电前的准备工作：将调压器的输出调到零，接好交流电压表，将多余的导线放回原位，整理好实验工作台。

（5）如果用的是自动控制线路，则时间继电器的时间设置为2~3s 较好。

（6）启动电源，升高电源电压，使电压满足电机、接触器的要求，同时观察电机的转速方向。但在观察电机的转速方向时一定要注意安全，人的头发、衣袖等任何部位都不能碰及电机的旋转部分。

（7）实验完毕，先将电源电压调回零位，再断开电源。

40.6　注意事项

（1）正确使用调压器：电机启动之前调压器一定在零位，实验完毕，先将电源电压调回零位，再断开电源。

（2）观察电机的转速方向时一定要注意安全，人的头发、衣袖等任何部位都不能碰及电机的旋转部分。

（3）正确运用工具、仪表，严禁打闹，严禁私自通电。

（4）注意双速电机的三角形与双星形电路是否正确连接。

参 考 文 献

[1] 陈小虎.电工电子技术 [M].北京：高等教育出版社，2002.

[2] 石生.电路基本分析 [M].北京：高等教育出版社，2003.

[3] 杨峥.电工、电子技术实习与课程设计 [M].北京：中国电力出版社，2004.

[4] 王光福.实用电工电子技术实验实训教程 [M].成都：电子科技大学出版社，2006.

[5] 许晓峰.电机及电拖 [M].北京：高等教育出版社，2004.

[6] 刘子林.电机与电气控制 [M].北京：电子工业出版社，2003.

[7] 顾绳谷.电机与拖动基础 [M].北京：机械工业出版社，1980.

[8] 刘保录.电机拖动与控制 [M].西安：西安电子科技大学出版社，2006.

冶金工业出版社部分图书推荐

书　名	作　者	定价 (元)
现代企业管理（第 2 版）（高职高专教材）	李　鹰	42.00
应用心理学基础（高职高专教材）	许丽遐	40.00
建筑力学（高职高专教材）	王　铁	38.00
建筑 CAD（高职高专教材）	田春德	28.00
冶金生产计算机控制（高职高专教材）	郭爱民	30.00
冶金过程检测与控制（第 3 版）（高职高专教材）	郭爱民	48.00
天车工培训教程（高职高专教材）	时彦林	33.00
冶金通用机械与冶炼设备（第 2 版）（高职高专教材）	王庆春	56.00
矿山提升与运输（第 2 版）（高职高专教材）	陈国山	39.00
高职院校学生职业安全教育（高职高专教材）	邹红艳	22.00
煤矿安全监测监控技术实训指导（高职高专教材）	姚向荣	22.00
冶金企业安全生产与环境保护（高职高专教材）	贾继华	29.00
液压气动技术与实践（高职高专教材）	胡运林	39.00
数控技术与应用（高职高专教材）	胡运林	32.00
洁净煤技术（高职高专教材）	李桂芬	30.00
单片机及其控制技术（高职高专教材）	吴　南	35.00
焊接技能实训（高职高专教材）	任晓光	39.00
心理健康教育（中职教材）	郭兴民	22.00
机械优化设计方法（第 4 版）	陈立周	42.00
自动检测和过程控制（第 4 版）（本科国规教材）	刘玉长	50.00
电工与电子技术（第 2 版）（本科教材）	荣西林	49.00
FORGE 塑性成型有限元模拟教程（本科教材）	黄东男	32.00